生態環境與社區安全
Ecological Environment and Community Safety

作者簡介

許海龍

學經歷：

私立中原理工學院土木工程學系畢業

日本東京大學土質研碩士

日本東京大學工學博士

第十五屆國際扶輪3480地區台北城中扶輪社社長

私立中原理工學院助教／講師／副教授

國立交通大學副教授／教授

國立屏東科技大學野生動物研究所長／顧問

私立東南科技大學土木工程系主任／災害科技研究所長／工程學群召集人（院長）／講座教授

財團法人成大研究發展基金會特聘教授

著作：

高等材料力學，亞洲出版社會（原香港世界書局）（翻譯）

學校建築與校園規劃專案研究──工程基趾之調查與學校建築，台灣書局

關渡國際第12座自然公園細部規劃，台北市建設局（共著）

生態構法，詹氏書局

社區安全環境特論，茂榮書局

災害防制與生態工程，茂榮書局

與生態分享共舞，許海龍

許家禎

學經歷：

  嘉義縣衛生局局長

  長庚科技大學兼任教授

  衛生福利部醫管會國際醫療中心副主委

  衛生福利部嘉義醫院院長

  台灣耳鼻喉科醫學會副祕書長

  中華民國早期療育協會金棕櫚獎得主

  陽明大學公共衛生研究所碩士

  耳鼻喉科專科醫師

  職業病科專科醫師

  睡眠醫學專科醫師

  病歷管理師

自 序

　　民以「食」為天，人以「安」為先。《生態環境與社區安全》（**The Relationship Between Ecological Environment And Community Safety**）係以災害與**環境安全**為基層之出發；敘述植物、環境與人類的相輔相成的生命關係（**Life-Chain**），進而以促進宇宙大地萬物之間的生態為思維，強調萬物的共存共榮為依歸與永續發展（或經營）為主旨。

　　人能生活在這個大自然的環境裡，藉著生態萬物的**綠色植物**提供咱們民生上諸多的**食物與養分**，不論是已知或未知的生態萬物，人類多所攝取與調供，特別是「**植物**」，真是上蒼的佳作，譬如蔬菜、水果等直接的**食物鏈**（**Food-Chain**）或肉食、養分等間接的食物鏈，皆對人有著莫大的補給與貢獻。爰此，「**樹木**」為地球上**不可或缺**與肯定的粉絲。

　　本書共分六章：第一章緒論；第二章路廊、種樹與都市、鄉村的災害防治；第三章室內植物與人；第四章雕塑台灣文化與自然環境的藝術家──東北季風；第五章病態建築症候群（S.B.S.）／園藝療法（H.T.）；第六章生態環境對台灣災害防治的影響。《生態環境與社區安全》之理念重視各種「**食安**」的「**守護**」、「**認知**」與「**共識**」（Know How），以及**危機處理**與管理掌控，首要對災

害的認知、維護人民的「**食安**」問題；珍愛與惜福自然資源、水、土、礦產與農業，守護著環境的安危，且共同對環境（含宇宙及內外太空）**減碳、抗暖化、種樹**（建立樹銀行），呼籲發展**綠能產業**（**G.E.I**），救地球的腎，潔淨台灣，讓她恢復以往的美麗。每一份子協心齊力，一致經營這塊「土地」，擴展成為美好綺麗之「世界清潔的地球村」。

災害分為自然災害與非自然（或人為）兩種：自然災害係不可避免的，則應全**體擁有共識與認知**，因環境多變化，本是「**無常**」或「**虛無**」，因此需隨時隨地迎向對環境之「**應變**」，以對「**千變應萬變**」多一分預防與治災，亦既少一分損害為原則；至於「**人為**」造成的災害，則期望能「**減災或防患未然**」，謹慎處理、化險為夷為上策。

「**植物**」並非可有可無，而是我們生活中如同家人一般，是不**可或缺**的一員。因為植物不僅像衣服和食物那樣能夠滿足我們物質的需要，它的存在具有「**社會意義，能和生命交流、並展現自我**」；尤其它們最可貴的存在價值為「**提高人類生活品質讓生命美麗、讓心靈富足**」，現代人身心靈所以產生疾病，都是將生活中的「**綠色**」給丟棄所致。爰此，我們應重視且享受「**綠生活**」。

最近，在愈是高級的餐廳、休閒場所、健身俱樂部、百貨公司、辦公大樓、住宅中庭等比較高水準、有品味的地方，就愈容易看到各式各樣氣派十足的植物。近來，**室內環境的汙染問題日益嚴重**，由於城市居民大多處在**密集的公寓或辦公室（密閉的建築物內**）過日子，室內的傢俱或設備大多不是天然材料，而是化合物或混合物質製成的，所以汙染物質擴散得厲害。結果，我們

不是在豪華的建築物裡享受生命，反而成了一台人體過濾器，亦就是隨著室內生活時間的增長，現代人不斷受到「病態建築症候群（Sick Building Syndrome, S.B.S.）」或「居屋症候群（Sick House Synerome, S.H.S.）」等疾病的困擾。

再者，大家都知道：植物可以讓我們的生活受到滋潤，有助於健康。「植物、人類、環境」的關係之密切互動、緊扣，愈來愈驚覺三者之間的「相輔相成」之密切，發現植物具有多元性功效與重要性，愈來愈突顯與宏茂，「植物的功效」、「利用植物來調節室內環境」，以及「園藝療法」（H.T.），業已獲得一般大眾親身嘗試，譬如醫院屋頂構築室外園藝療法的植物欣賞或休憩的庭園、室內綠化植物之盆栽的設置，甚至山水圖案之懸掛。爰此，可知吾人對於室內環境重要性的認識比以前更深入且釋懷了，不論是從興趣、欣賞的角度，還是從功能和健康的角度來說明，都能讓大眾瞭解如何活用植物。總而言之，讓我們生活在當下活出健康、營養、延壽的人生價值觀與社會觀（生命的宏觀）。

資源是上蒼的恩賜褒賦，務必惜福，譬如筆者團隊之策劃爭取，於1994年成立了「關渡自然公園」，提供生物多樣性之生態棲息地——濕地（wetland），並發揮防災抗旱之「吐納功效」，且與讀者分享關於紅樹林（又稱水筆仔）、彈塗魚、候鳥（含黑面琵鷺）、台灣常見鳥類等資訊。

另，本書之題材係針對台灣本島環境之需求素材、資源來談述，然而台灣屬性是島嶼環境，且地理位處「環太平洋地震帶」，又適逢東北季風與海洋氣候、季節氣候之浸淋。爰此，地震、土石流、豪雨、坡地過度開發與環境保育、地層下陷等等之事件，直

接或間接地影響到台灣居民之三生——「生命」、「生產」與「生活」之損失與保育。但願憑藉「守護」與「惜福」之胸懷，呈此書與諸位賢達分享，懇懇地期望這塊「美麗寶島（Formosa）」能永續傳承，並特此敬請諸位前輩、先知不吝賜教與指正，倍當感激與榮幸。序筆敘述以爲自勉之：「**都市因建築的展現而經典，建築因人的創新而典藏**」。

許家禎　許海龍

2016年02月20日

於台南主康序

目　錄

第一章
緒　　論

第一節　前　言

一、緒言

(一) 災害種類，分為下列兩大類別

　　1. 天然災害：颱風、地震、海嘯、洪水旱災、森林大火、山崩、火山爆發、雪災、農作物災害、病蟲害、禽流感、瘟疫、地球氣象災害〔如：溫室效應、熱島效應、臭氧層破壞、地盤下陷等（示如表1-1與下圖921集集大地震之名竹大橋崩塌）〕。

921集集大地震──名竹大橋崩塌。（照片提供：李錫堤教授）

表1-1　自然災害的種類

(1)氣象災害 　①風災： 　　因風力之破壞災害、飛砂災害 　　高潮災害、波浪災害 　　沿岸流如海洋侵蝕、埋沒、紅潮等所引起之災害 　　焚風災害 　　亂流所引起之災害 　　擴散氣流（大氣汙染、惡臭等） 　　龍捲風（旋風）災害 　②雨災： 　　洪水災害、土壤侵蝕災害、積水災害、土砂流、泥害 　　長期災害（腐触等）、大氣乾燥（火災之誘發）、旱災（缺水及鹽害） 　③雪災： 　　積雪災害（如結構物破壞、農作物受損、交通中斷等） 　　融雪災害（洪水、雪崩、冰災） 　　降雪災害（如登山事故、列車事故） 　④酷寒災害（氣溫下降）： 　　凍土（如路基破壞）、凍結（港泊池結冰、妨礙流水等） 　　凍傷（人畜）、冷害（農作物、水產養殖） 　⑤酷熱災害（氣溫上升）： 　　膨脹破壞（如鋼膨脹列車出事、混凝土龜裂等） 　　自然發火（森林、煤倉等）、疾病（日光照射）、生理功能較差 　⑥霜害： 　　雹害、雷害、霧害、濕害
(2)地變災害 　①震災： 　　震動災害（如設施破壞、列車傾覆等）、巨浪災害（海嘯） 　　山崩、崩坍、地基沉陷、陷落、落磐 　②火山災害： 　　熔岩流災害、火山灰災害、地滑災害

```
(3)動物災害
  ①病原菌（傳染病、風土病）
  ②蟲害（白蟻、蝗蟲、蚊、蠅、海蟲等）
  ③貝害（附著船底之蠣類）
  ④獸害（猛獸、毒蛇、野鼠等）
```

參考文獻：摘自日本技報堂——防災手冊

2. 非天然災害（人為災害）：核能輻射、化學物爆炸、暴亂、恐怖分子活動等、漁船災害、空難事件、工業災害、工廠事故等（表1-2）。

表1-2 人為災害的種類

```
(1)都市公害
  ①空氣汙染
  ②水汙染
  ③噪 音
  ④振 動
  ⑤汙物廢棄物、惡臭
  ⑥地基沉陷（抽取地下水）
  ⑦火 災
```

```
(2)產業災害
  ①工場災害
  ②礦山災害
  ③營建現場災害
  ④職業病及勞動災害
  ⑤游離輻射之危害
```

```
(3)交通災害
  ①陸上交通災害
  ②飛行器事故
  ③船舶災害（火災、海難等）
```

> (4)管理災害
>   ①調查簡陋所引起之災害
>   ②規劃設計不周密之災害
>   ③施工不良之災害
>   ④管理不當之災害
>   ⑤行政處置欠妥之災害
>   ⑥謠言災害
>   ⑦預報、警報錯之災害
>   ⑧其他因人類理解力不足所引起之災害

參考文獻：摘自日本技幸晨堂——防災手冊

【註】：美國**FEMA**：聯邦政府災害防救體制與運作。

(1)**FEMA宗旨**：減低生命及財產的損失，並且保障國家免於受到各種災害的威脅，因此，成立這個以危機為基礎的全面性機構，企圖由減災、備災、救災及恢復等方面，進行危機管理。

(2)**FEMA**：對於各級政府災難治理之能力，特建立一套整合（Integrated）的管理體系以統合處理全國各類型的災害，包括緊急應變計畫、都市搜救系統、緊急醫療服務以及災害搶救等工作。此其中的十二**項緊急應變計畫**（Response plan）為：

①交通：提供災區交通運輸支援。

②通訊：支援災區大量通訊需求。

③公共工程：負責迅速恢復公共車業工程及設施。

④森林救火：負責規劃聯邦森林火災搶救活動、協助各州及地方救災組織之後勤支援。

⑤資訊收集：負責災區資訊蒐集、分析及傳遞，並據以作爲後續救災活動規劃之參考。

⑥災民照顧：負責災民收容、食物供給、初期救助及紓困補給物資發放等支援事物。

⑦資源補給：提供器材、物資、補給品及人員，以協助災區救助工作進行。

⑧醫療衛生：提供健康與醫療衛生支援協助，必要時得動員國家災害醫療系統提供進一步之協助。

⑨都市搜索及救援：對於建築倒塌事故，迅速派遣搜索救助部隊，擔任人命救助任務。

⑩危險物品：當危險物品發生洩漏之虞時，負責鑑別危險物品種類，並規劃應變活動。

⑪食品：評估災區及災害食品需求，並取得食物加以運送。

⑫能源：災後負責能源系統之恢復，以及緊急燃料與電力之供應。

(3)美國災害應變管理總署組織架構圖：如圖1-1所示。

(4)日本防災體系表：如圖1-2所示。

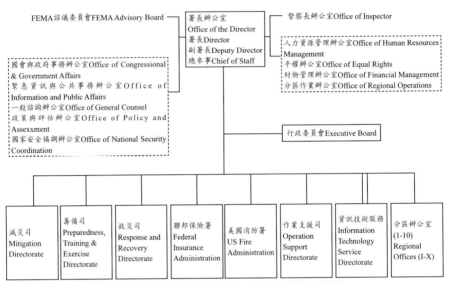

圖1-1　美國災害應變管理總署組織架構圖

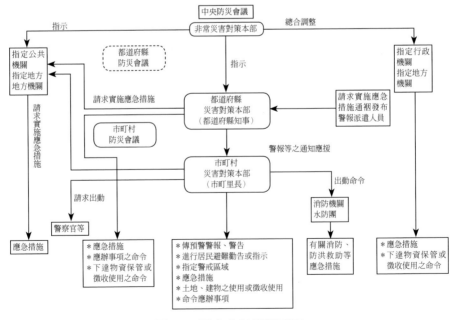

圖1-2　日本之防災體系表

(5) 中華民國防災體系表：如表1-3所示。

表1-3　中華民國之防災體系表。

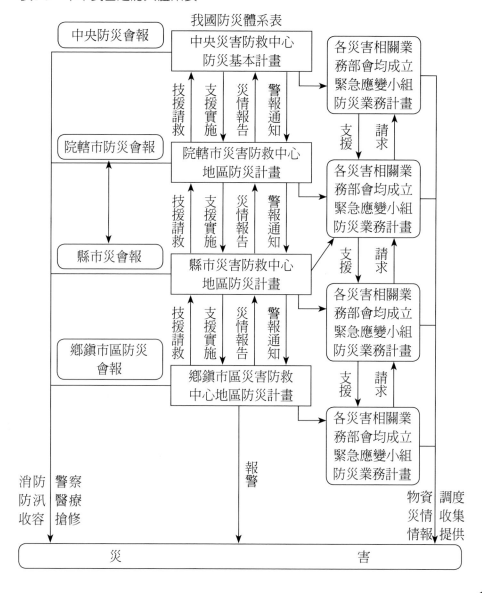

(二) 國土安全之組織系統（美國布希總統於2002年911事件後提出）。如表1-4示。

表1-4 國土安全之組織系統表。

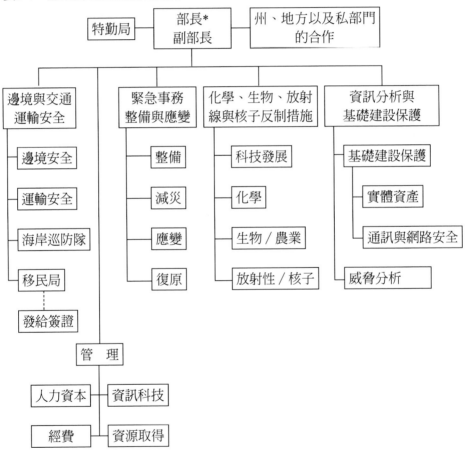

＊法務、國會聯絡與公共事務等業務由部長室負責

(三) 防災救災運作之四大循環體系：運作之程序依次爲減災、整備、應變與回復，如圖1-3所示：

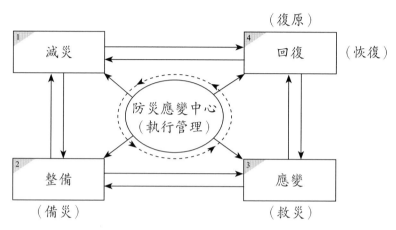

圖1-3　防救災的運作循環順序

(四) 名詞

1. 危機（Crisis）

　　(1) Rosenthal認爲危機包含**緊急與災難**，不過這兩個概念在順序上、處理程序上以及嚴重度有所差別。Rosenthal對於危機的定義爲：「**對於基本組織或根本價值以及社會體系及規範造成嚴重影響的威脅者。**」

　　(2) Bell認爲：危機是「一段期間，在這段期間內某種關係中的衝突將會升高到足以威脅到改變某種關係的程度。」

　　(3) Morse則認爲危機是「突然出現的一種情況，要求一個或多個國家必須在相當短的時間內做成一個政策選擇，此種情況要求在

彼此不相容,而都具有高度的價值目標之間作一種選擇。」(吳定等,民85:246)

(4) Herman認為危機情境可以由三項標準判定,即①威脅到組織或決策單位之高度優先價值或目標;②在情況急遽轉變之前可供反應的時間有限;③對組織或決策單位而言,危機乃是未曾意料而倉促爆發所造成的一種意外驚訝。(Herman, 1963:64:1972:187)

(5) Jackson認為:「危機是發生於一個系統的事件一連串的事件,它必須符合下列要件:①危機必須與人們要求政府具備的責任有關,在自由民主國家通常包括下列最低程度的責任;A.未來對主權與利益的挑戰;B.恢復或避免失去對憲法的秩序;C.避免與減少人民生命財產的損失。②危機使政策制定者認知到決策必須在有限的時間內完成。③無法預測的未來,即使是能預測也是一般性的情況,無法針對特殊的事件預知。

總而言之,各家學者面對定義「危機」概念時,多以下列兩個範疇著手,首先,說明危機的「**情境狀態**」,並多為危機是處於高度壓力、不確定性、未預警的情況;第二,描述危機的「**產出效應**」,並多認為以破壞、威脅等負面效果為多。

2. 緊急事件(Emergency)

緊急事件之種類:根據學者Mayer Nudell及Norman Antokol的分類,緊急事件共分為五大類:(1)天然災難(natural disasters)——包括風災、地震、洪水等;(2)交通意外事件(accidents)——車禍、火車出軌導致有害物質外洩;(3)科技意外事件(technological accidents)——如化學與核能意外災害;(4)人為

誘發之災害（induced catastrophes）——如政治示威事件、犯罪綁票事件或自力救濟事件等；以及(5)因戰爭而引發之民眾緊急事件（war-relafed emergency of civilians）。

3. 災害（Disaster）

即是天然災害與意外災害（或人為災害），具有區域性、時間性、連鎖性與複雜性，以及災害發生之階段。

4. 危機管理（Crisis Management）

分為預防危機發生、擬妥危機計畫、嗅到危機的存在、避免危機擴大、迅速解決危機與化危機為轉機。

二、研究目的：對生態環境與社區安全之課程認識與目的

(一) 針對災害原因、防災知識與生態多元化（性）之探求，以達成萬物共存共榮、永續發展之需求的基本體會。

(二) 學習與瞭解防救災之土木工程專業知識、精神與技術的服務。

(三) 藉工程技術方法為防衛災害安全磐基，重視整體性規劃、考量與採用；因地制宜，就地取材，以達成生物多樣性之生態環境平衡，亦即使整個地球上之生物享受共存共榮且永續發展的目標——即清潔地球村。

(四) 落實「本土化」的生態環境清潔村，擴及「**國際化**」的宇宙整體（上下四方謂之宇，古今往來謂之宙）之「**安居樂業**」之境地為宗旨。

第二節 目 的

對於生態體系之行為特性瞭解，與保育生物多樣性及永續發展為基礎，採用傳統式或自然性工程方法之安全，因地制宜、就地取材，以避免及減少對自然環境造成災害為目標，裨以達成生物（人、動植物、微生物）對環境生態之平衡棲息地，提供共存共榮之永續發展的空間。如圖1-4所示：

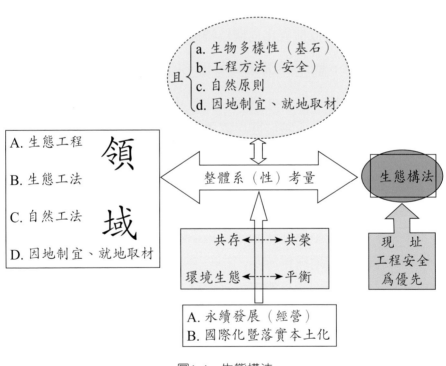

圖1-4 生態構法

　　爰此，上述有別於工程上之硬性方法，特別重視「整體區域性」規劃考量以及適用於「因地制宜、就地取材」，並採用自然工程方法為「工程安全基礎」，以達成生物多樣性之生存成平衡環境生態之全能地「共存共榮」且「永續經營」（或發展）的宗旨，所以特此命名為「生態構法」（Ecotechnological Method of Engineering）。

　　應用以上生態構法之原則或策略，並採取工程之技術以實施建造的實體或創作之構造體（如圖1-5示），則稱為「生態工程」（Ecotechnological Engineering）。

圖1-5　階梯式開發且構築縱橫向排水溝之工程

第二章

路廊、種樹與都市、鄉村之災害防治

第一節 前 言

　　如何利用或應用大地自然界之生物（含人、動植物、微生物）與生態構材，以從事防救災措施作業，裨以收取省時、省錢之功效，仍是生態構法很重要的工作與爭取之目標。

　　路廊係傳遞兩地（甲、乙地）地區間之互動：文化、事業、資訊、感情、交通等之橋樑，如下圖所示。

　　路廊係所謂「道路工程」之代表，包括不論是縱向（平行）道路（主幹道）或是橫向街道如①-①斷面所示

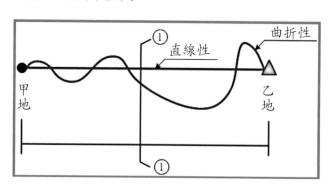

所謂街（道）路之寬度：且該主幹道或路寬均需要多元化功能之「**陪襯質材**」來點綴並兼具防救災功能，這種陪襯質材即是「**樹木草花及生態構材**」。

　　現今，工程使用之構材或素（質）材，以構材本身或組合後或複合後應具有「**多孔隙性、滲透性、不汙染及自然性**」之工程材料或質材為主題，如此才可定名為「**生態構材**」（Eco-Materials）。爰此，生態構材包括木材、竹材、石材、水、空氣、陽光與奈米材料，以選用接近自然性質的質材且兼顧與自然環境景觀之「**和諧性、實用性、方便性、本土性**」者。換言之，選擇或使用生態構法

之構材前，「**應善用自然質材之特性**」，以減少對生態的衝擊與傷害，也就是「**因地制宜**」之「**本土化**」的主要原則為導向。

　　都市或鄉村之災害最典型的是地震、火災、水災與風災（含颱風、龍捲風、焚風），特別是上列都市災害很容易相互影響，導致停電、斷水的二次災害，損害人命財產，不得不做預防，以及都市計劃及鄉村計畫之更新與改善措施。更新都市與鄉村計畫，以達防救災之目的時基本的策略為：(1)土地使用管制與禁止超建；(2)街道區域之隔離區間（隔離帶）的規劃設計；(3)防救災公共建築物設施之設置及不燃化；(4)坡地開發在30度傾斜角為宜；不宜土地超限建築或使用。隨著e時代之發展與猛進，都市化與鄉村都市化仍為新式潮流之產物，但是這些新式產物之構造物，除考慮安全、經濟、方便、生態景觀與景觀生態外，周邊環境之配襯措施仍要加強，譬如隔離帶設置、廣場、大間距街寬、公園、綠地、避難所、消防栓（池）、專用地下維生管線（高壓）等設置均是必須之建造設備物。一旦發生災害，可防止與緩延災害的產生，甚至減少與減輕災害之損害度或折損率。

　　奈米科技（nano technics）講求以「**輕、小、快**」為目標，建築構造物與構造物設備設施，亦宜依此原則做配合或和諧之銜接，再選用不燃化質材等設計原則，如綠建築、自動化與輕巧地設備措施，配合景觀生態，必能達成「**宜人宜居**」的舒適樂園。

一、土地使用管制與超建禁止之對策

　　依據中華民國建築規範，建築物之進行需要土地使用許可（建築許可證）、建築物施工執照及使用執照等三大階段。同理土

地使用亦要經過使用計畫（規劃）、使用許可與開發施工營造、營運管理等步驟。爰此，對於土地使用限制宜瞭解下列之項目：

（一）斷層帶上或其周邊100M內宜劃為綠地、公園用地、或仿美國加州在300M以內之周邊地帶禁止建造三樓以上構造物。

（二）依都市計畫在某定面積內，必須設置綠地或公園之用地以種植喬木（較大樹木）。

（三）公園之樹種宜採喬木、灌木、花草綜合栽植。

（四）禁止住宅區內堆置危險物及易燃、易爆物品。

（五）更新都市計畫、設置防災指揮中心（所）（以消防局為中心），依鱷魚鬚狀分配距離分成20M、30M、50M、80M、100M、200M、300M、500M、800M、1000M、1200M、1500M、5KM之間隔，分別設置貯水與保水機能之設施。

（六）利用空載光達科技（Airborne LiDAR Technology）建立「**救急路線**」與「**專用高壓維生管線**」與建物樓層資訊寬頻平台，以掌控防救災之自動化監測。

（七）使用防耐震網玻璃，以及奈米材料為建造物件。

（八）注重建造物寬廣之間隔帶，及防火巷之設置。

（九）維生管線之地下化、共同管溝之設立以及人行道上「**小方塊之植樹框**」之設置與應用。

（十）商業區、住宅區、特定區與行政區之劃分宜清晰條理化，並設以上全地區之不燃化功能。

（十一）嚴禁坡地之超限使用、坡地開發傾斜坡角小於30度為宜。

二、街道區域之隔離區間（隔離帶）的規劃設計

　　街道之寬廣直接疏暢交通動線，且有利防火帶之隔離，然而隔離主要依幹道的車道數及總寬度來決定。一般在美國，單車道寬度為4.0M、日本則為3.5M，則台灣至少要採用3.5M、混合車道5.0M、綠化人行道（含共同管溝）7.0M以及中間以分隔島為分隔區間而形成30M以上。但是，幹線是交通量較大者，配合交通號誌之設置與處理將是很大的技巧，且由於路寬易造成橫跨者不便。爰此，依生態構法之措施方法仍以地下化為宜，以減少地區分隔的感覺與地表面供做整體性之景觀生態的規劃設計（圖2-1、圖2-2）。

圖2-1　利用廢水再生，灌溉人行道旁開闢人造景觀空間之植栽與提供及增擴
　　　　城市中如田野般的嬉戲生態景觀

圖2-2　分隔島：以耶誕紅、花草、灌木與喬木參差植栽以點綴中央分隔島，
　　　　讓駕駛者感受到精神舒爽與行車安全之功效，並美綠化景觀與視覺

三、防救災公共建築物設施之設置及不燃化

為使都市或鄉村之防火構造物達成公共建築物設施之設置不燃化，建議下列措施之方法：

(一) 建立街道之「隔離帶」，以形成「防火帶」阻絕「延燒」之效應；且街道寬度有20M以上（鄉村則為15M以上），路廊並以樹木為分隔，達成綠化與生態景觀，裨能防救災與提供行人或駕駛者舒適感（如圖2-3、圖2-4、圖2-8與圖2-10）。

圖2-3　道路與建築物間除圍牆與張格網外，務需留存10～20M足夠空間以利種植喬木綠化，既成生態環境又能阻隔火災

(a)道路與建築物之間隔用植樹阻離約15～20M寬度，以收防災功效

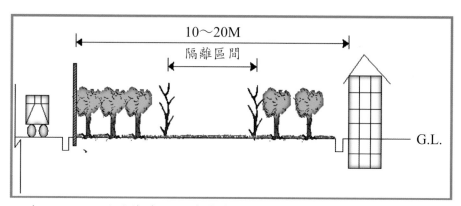

(b)在10～20M區間雙邊種植雙層喬木，以阻隔噪音與預防事故，確保
　　安全度

圖2-3　道路與建築物間除圍牆與張格網外，務需留存10～20M足夠空間以利
　　　　種植喬木綠化，既成生態環境又隔阻火災

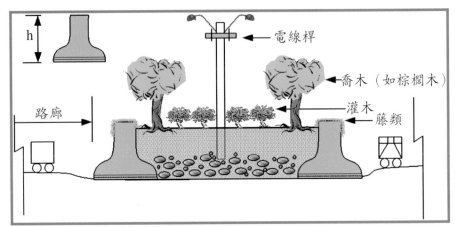

(a)分隔島（雙線道以上）（藤類蔓延覆蓋在護欄，除了避免水泥反射又達綠化生態效果，但需修剪，不可讓其伸延至路面）

(b)斑馬線、標誌、路燈、信號、雙向迴轉道與警告標誌均緊鄰分隔島，構成非常重要的環境生態

圖2-4　分隔島：在紐澤西護欄之保護間隔中，除號誌排水設施外，亦植入「高低不同」樹種與花草，以綠（美）化景觀環境，也培養生態系鳥類來棲息

　　(二)　構建「環外道路」以繞道（By Pass）社區之需求，達成防災之目的：伴隨e時代之來臨，社區領域之「**祕密空間**」為寧靜安適生活環境之需求，以提供社區享受「**寧靜、安全、綠帶地域的區帶之環境生態**」。爰此，都市或社區有必要分開兩種道路：一方面必須進入「**都市或社區區域者**」，在道路規劃設計上應用「**束腹技巧**」，即路寬轉變狹窄以減降車速，既求「**安全**」又能「**降低**」或減少「**干擾**」；另一方面，對於不必進入都市或社區者可利用「**環外道路**」，讓車輛快速通關或繞道，快速通過該「**鄉域社區**」，裨能達成省時、省錢，可謂利人利己的經濟價值效益，並防止肇事及減低社會經濟成本，達到防救災之效能。

　　(三)　公園、綠地除供防火帶外，也可供緊急時之避難所（但面積需大於1,000M²）或避難通道；但公園、綠地不宜設置圍牆或欄杆，以減少障礙或阻礙交通，易形成肇事且礙景觀。

　　(四)　按地形、地勢、某間隔之距離設置消防栓與防災用高壓自來水管路線，以提供緊急用水量。

　　(五)　依適當間隔距離設置貯水槽、游泳池或供水機能之設備措施。

　　(六)　維生管線設置時使汙水排水系統與自來水系統分開。

　　(七)　大型工廠、墓地，宜移至郊區，而其原有用地可闢為公園、綠地之開放空間使用。

　　(八)　平時即規劃「**緊急交通幹線網路**」，以為防災路線與病人輸送之最佳與最方便之路線，達成緊急車輛迅速到達肇事地點或現場之捷徑。

　　(九)　依生態構法搭配五行（金、木、水、火、土）之相互間

關係而運行，以達成「人文心、本土情」之舒適美地家園，如圖示
2-5(a)。

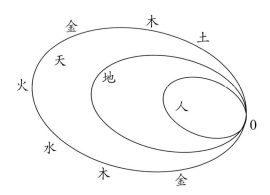

(a)三生（天、地、人）與五行（金、木、
水、火、土）之間運行關係示意圖

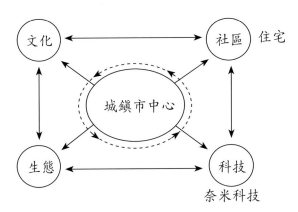

(b)社區優異空間配置示意圖

圖2-5　城鎮市生態舒適、本土化兼具國際化之生活空間的規劃設計結構示意
　　　　圖：中心點為行政中心之辦公室所在地位置

如圖2-5(b)所示，將地形圖（含交通道路之網線）以行政中心之辦公室所在地位置為中心點，套繪在圖2-5(a)中，再用五行（金、木、水、火、土）之配備實施空間之布置，達成「宜人宜地」之生活空間住宅區。

四、坡地開發以30度傾斜為宜，且土地不可超限使用

1999年12月29日內政部營建署有明文規定坡地開發之坡地邊坡傾斜角由45度減為30度。另，由於許多坡地之超限使用，如高山坡地開發、砍除樹木及植被改建淺根性樹種，如「檳榔樹」，或開發為種茶地區等等，不正當之使用，以及改建為高樓大廈，破壞環境生態與水土保持措施或未做好水土保持之措施，則最易發生「土砂流」狀態，以及坡地崩塌的現象。爰此，不可砍伐林木（若需砍伐則需依一定順序），且在「伐木」後擇期再「造林」。

再者，建築新基地，設計時應避免大量開挖或大型損壞環境；規劃路線經過，原地面上剷起之「草皮」不可棄除宜保留，俟道路基礎完成後再歸位復原，避免外來病害如紅螞蟻，腺蟲等災害。

綜言之，土地之使用應「**按步就班**」及「**階梯式開挖或建築**」，不得任意開發，且按規定依土地使用原則去實施經營管理。坡度之表示法如圖2-6所示，且坡地可用三角函數$\tan \alpha = \dfrac{V}{H}$來表示其坡地之傾斜面。

今依中華民國建築規範（Building Code）之規定坡度為小於且等於30度，則如圖2-6所示。

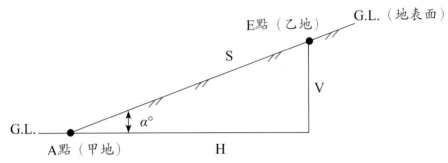

（S：表傾斜面；V表高度；H表水平距離）

圖2-6　坡地之邊坡示意圖

$$(1) \quad \tan 30° = \frac{V}{H} \quad 或 \quad \frac{V}{H} \leq \tan 30° = 0.577$$

$$選取 V \leq (0.5) H，即 H \geq 2V$$

　　由上面式(1)顯示開發坡地之坡度是坡地水平距離H至少應大於垂直高度V之兩倍以上，才能符合坡地開發建築規定之容許標準。

第二節　路廊、種樹與都市、鄉村之災害防治

　　道路生態工程即稱「**路廊**」，路廊不僅是供甲、乙處兩地間之交通，亦提供甲、乙處兩地間之文化交流、感情傳遞、知識交換、歷史融合與共同建立「**新社區**」之最快最好的捷徑或良途。都市街道除其空間與長度之外，依其寬度及沿道之建築物，街道樹之高度

和大小的平衡，也即依其調和比例而形成。

圖2-7 路廊生態工程：路面（狹窄路面也可以盆栽作臨時分隔）

一、路廊之街道寬度（簡稱路寬B）

路廊之街道建立「**隔離帶**」與開闢20M以上路寬（鄉村為15M以上），則形成「**防火帶**」阻絕「**延燒效應**」，在本章第一節已經圖文說明；另，對於都市綠化道路以及公園、學校、分隔界線「**沒有圍籬**」者能兼具防火效果，如日本北海道札幌大道路寬105M、巴黎香榭大道路寬70M，而台北市仁愛路與敦化南路之路寬亦有100M；都市幹道之路寬，除具特定風格外，並形成幹道之防火帶。爰此，街道之寬度（路寬）仍愈寬愈好，且防火帶之路寬大於20M以上為宜，若路寬太狹窄時，可能因房舍倒塌、電線桿（宜於地下化）傾倒、樹木枝幹傾折，而導致救災、逃生及消防遭受影響。另一方面，路寬大於20M以上者，除交通動線能有雙車道外，也能使駕駛者獲得舒適感與共構地順沿路線之整體性景觀生態，帶來鳥語花香的氣氛；特別是在車道與車道之間置入「**中央分隔島**」

使用裝配「具生態保獲功能之紐澤西護欄（圖**2-8**、**2-9**）」、以及車道鄰近步道之兩側分隔島，利用圖2-8該紐澤西護欄之構體上設置「**植樹草花帶**」——緣為置入該「**具生態保護功能之紐潭西護欄**」以隔離車輛與行人之間距以策安全外，而所形成獨立空間，使該樹木草花更易發揮對於防救災的效果。

二、人行道與管構【含共同管構（道）】

人行道亦是路廊之路寬的空間距離之一部分，則在「**人行道之寬度**」簡稱步道寬（Bd）上，應包含「**小方塊之植樹框**」（長度×寬度 = 2.0M×1.2M~1.5M），人行道之設計可以變換間插構「**小方塊之植樹框**」（圖2-11）——種植喬木或灌木，當然亦可植「**花草**」以綠化及提升景觀之功效，特別是(a)如何設計具有「**滲透水之材料**」以蓄存水分與保留降雨量，間接地降低路面之「**熱島效應**」；(b)若土地所有權許可，可在突出所在處之人行道旁設置植草木區域，以便隔離車道之較遠側增闢「**小型公園**」，讓行人得抒解精神壓力且增加景觀生態。另，(c)隨e時代的到來，人行道路面或底面下方可增建「**共同管構**」，將汙水排水道、自來水排水道、電纜線、瓦斯管、人孔道、郵筒、變電箱、路夜燈、指示牌、車站牌、垃圾桶、室外消防栓、布告欄、機車與自行車停放場所、花木圍、自行車專用道、高架道等生態環境設計（圖2-12）配置在人行道之路面或底部下方，形成現代式所謂「**共同管構**」。同理，在T字形路口（圖2-13）於右或左轉彎道路上，靠人行道之內側應「**縮小路寬**」置「**植草磚**」，以增加綠化之人行道寬度並供臨時停車場，特別是因此而減低車速，保障人們與對車之安全。

圖2-8　中央分隔島──紐澤西護欄中間植樹（喬木、灌木、藤類、花草）以利綠（美）化，供鳥蟲棲息達成生態景觀；且行光合作用提供人類氧氣生存必需品；同時降低都市熱島效應

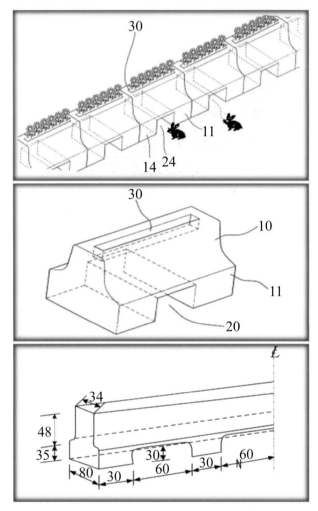

圖2-9　具生態保護功能之紐澤西護欄（圖中數字表長度尺寸為CM）

(a)卵礫石護坡設計

(b)河岸護坡採用自然工法設計　　(c)植被護坡綠化生態環境

圖2-10　自然生態護坡工法

(a)小方塊之植樹框——綠木

(b)用磁磚圍城小塊植樹框

(c)以乾砌石構成綠化植樹框

(d)乾砌植樹框內夜路燈、變葉木、喬木、綠木形成優美生態環境

(e)人行道上規劃機車停車位

(f)人行道上規劃高竿生態路燈及消防栓

圖2-11　人行道上刻意規劃各種美化生態環境構物
〔小方塊之植樹框：長度×寬度＝2.0M×（1.2M~1.5M）〕

圖2-12為各種路廊之車道寬度設計斷面示意圖（(a)〜(k)）。

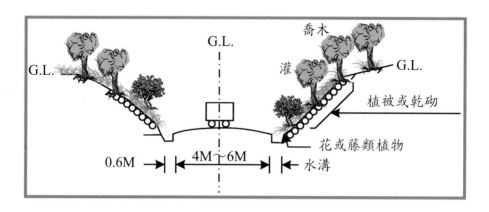

圖2-12(a)　山邊路廊剖面

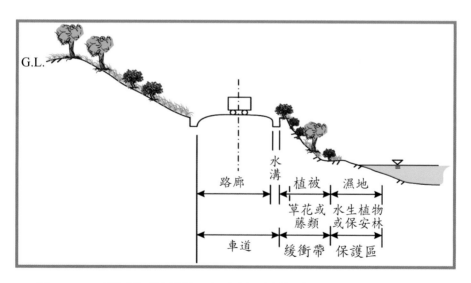

圖2-12(b)　臨河溪或邊坡地區路廊剖面並兼設緩衝帶（寬度≧10M）

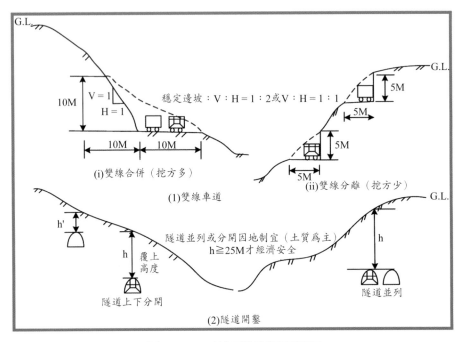

圖2-12(c)　山區雙線路廊剖面

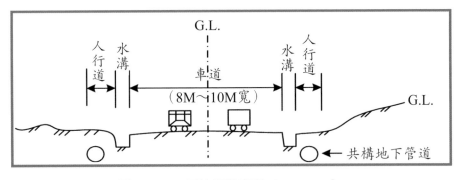

圖2-12(d)　平地單線車道（One-Way）

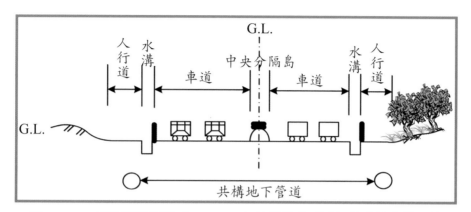

圖2-12(e)　平地雙線車道（Two-Way）使用於省（國）道或都會外環道

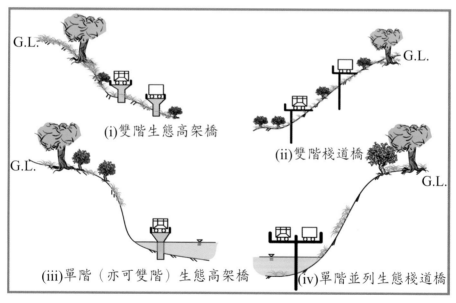

圖2-12(f)　生態高架橋與生態棧道橋

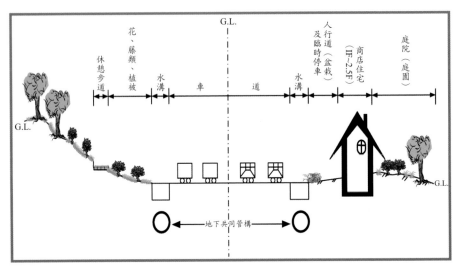

圖2-12(g)　郊區或郊外觀光區道路與商店（含住宅）之規劃設計斷面示意圖
（人行道上亦可鋪設植草磚）。另為節省護欄或增加車道寬度，
仍不設置中央分隔島，但須注意行車安全為上策

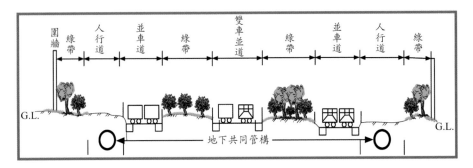

圖2-12(h)　都會區車道寬度在50M~100M時，如圖示設計

圖2-12(i) 高速公路標準六車道斷面圖（交通部國工局）

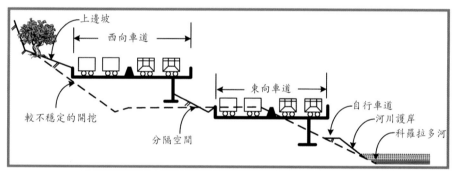

圖2-12(j) 70洲際公路車道設計斷面（轉繪自邱銘源，2002）

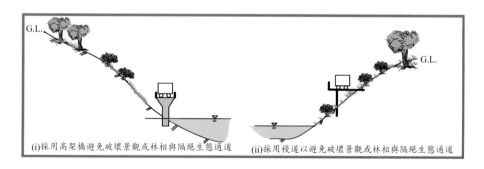

(i)採用高架橋避免破壞景觀或林相與隔絕生態通道　　(ii)採用棧道以避免破壞景觀或林相與隔絕生態通道

圖2-12(k) 河川道路間應盡量保留原有植栽

圖2-13　於右或左轉彎道路上，靠人行道之內側應「縮小路寬」，或置放「植草磚」

三、舒適隔間率與路寬和諧比

如之前所敘述，路廊之幹道街道，若具「**特別風格機能者**」，除路寬之寬度外，還需含有適宜之人行道空間寬度，如下：

$$舒適間隔率 = \frac{人行道寬（含植樹帶）}{道路總路寬} = \frac{B_d}{B} = D_s \qquad (2)$$

$$路寬和諧比 = \frac{沿線道路建築物之高度}{道路總路寬} = \frac{H}{B} = W_s \qquad (3)$$

$$街道樹高之和諧比 = \frac{街道樹之高度}{道路總路寬} = \frac{h}{B} = R_s \tag{4}$$

綜言之，都市街道應具有在橫向上（含空間、路寬、樹木、人行道、隔音帶等）與縱向上長度（即路廊長度）的充裕距離尺寸，需依其寬度與沿道之建物、街道樹木之高度、大小求得平衡模數值，亦即依其和諧比之比值而形成。爰此，式(2)與式(3)如圖2-14、圖2-15所示之配置示意圖，然而建議：

1. **$0.3 \leq Ds \leq 0.5$為宜**，而兼具特殊風格與防火帶機能者 $Ds \geq 0.3$，具往復之「**雙車道者Ds≒0.5為最適宜**」。

2. 以 $\frac{1}{3} \leq W_s \leq 1.0$為適當，「**以 $\frac{2}{3} \leq W_s \leq 1.0$為最適宜**」；若 Ws 值愈大防火功能愈高，但 $0.2 \leq W_s \leq 0.8$為宜，否則若發生大火災時，火災之飛灰有飄飛之危險性；以及建築物倒塌時，妨害緊急車輛之通行，且導致避難通道受阻塞之連鎖效應；另，若 $W_s < \frac{1}{3}$時，由於街道寬廣流暢，得種植併排路樹，裨使防火效能提升外，且達到綠、美化之景觀的視覺與生態環境需求。換言之，Ws之比值愈小，則順沿街道兩側建築物之高度應隨之調整，且宜種植樹木之措施作業工作，以達成防救災、美綠化與生態景觀之三贏的目標。

3. R_s比值愈大，防火功能愈高，但以「**$0.2 \leq R_s \leq 0.8$為適當**」，亦即路寬愈大，則R_s值愈小，不過「**綠色隧道之路廊**」例外。

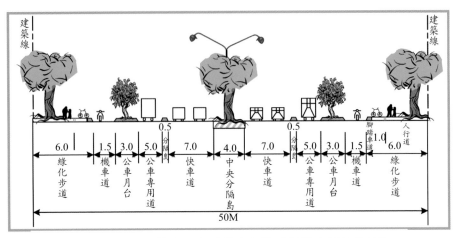

圖2-14　寬廣街道之路寬形成防火帶（具防止延燒效應）

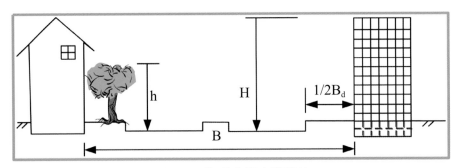

圖2-15　街道之路寬和諧比

四、都市路廊之災害防治功能

　　都市公園及都市綠地具有防災之功能，除擴增市區道路幹線之寬度外，每100ha宜設置公園一處，而都市公園面積，宜達都市計畫相關法律之規定，至少以都市線面積之5%為宜。

　　都市公園與都市綠地具有下列之防災功能：

1. 公園、綠地的樹木可防止「地盤的液化」，同時也具有防止延燒的效果。

2. 於地下設置巨型的防火水槽，可成為消防的據點。

3. 可做為行政支援、物資搬入貯置、臨時住宅、醫療、給水、供浴等救援基地。

4. 臨時行政中心。

5. 臨時救援避難地。

6. 臨時廢棄物堆置地。

五、路廊之災害防治

(一) 土地使用管制對策

在土地使用計畫及使用許可和開發行為的限制方面可採取下列各項：

1. 為防止水害，應有保水機能及貯水機能之措施。

2. 市區規劃為全部防火地區或準防火地區，以達不燃化。

3. 活斷層周邊規劃為都市公園或都市綠地，如美國加州禁止在活斷層帶周圍300M內蓋三樓以上的建築物。

4. 除某些特定地區外，禁止在住宅區內堆置危險物。

5. 除某些特定地區外，土地使用分區力求單純避免複雜化。

6. 在一定的土地面積以上，規定必須種植高大樹木。

7. 對於高建蔽率地區的建築物間，規定應有一定的間距防火巷，對於熱和振動，則使用較強的網玻璃。

(二) 都市設施的完備

為達到都市防火構造化，防災都市所採的措施可包括：

　　1. 藉市區街道間距的區隔，以形成防火帶，達到阻斷延燒的效果，為達防火效果，其間距應有20M以上的寬度，並種植街道樹（圖2-16、圖2-17）。

　　2. 寬廣的防火帶街道，也可利用為火災時的緊急輸送道路。

　　3. 都市的道路率宜有30%以上。

　　4. 都市公園、都市綠地除可做為防火帶外，在緊急時也可做為避難場所或避難通路，並規劃為防火據點。都市公園、都市綠地不宜設置圍牆，以減少障礙。

　　5. 在地形上有恆風的地區，若遇上風導致起火，有發生大火的危險，應於上風地點種植防火及防風林，以兼做都市公園進而成為都市綠地。

　　6. 都市內不必要的工廠、寺廟或墓地等宜移至郊區，其原有用地闢為廣場，成為都市公園、都市綠地等開放空間。

圖2-16　都市綠化道路兼具防火效果

圖2-17　都市公園沒有圍籬，具防火效果

　　7. 發生災害時，學校及公園之游泳池水，可作為消防用水，若作為避難所的生活用水時，則游泳池水應附有淨化設施，以能去除25μM以上的不純物並藉氯鹽消毒，再以活性碳過濾後，始可當飲用水。

　　8. 消防用水，除普通自來水外，也可設置防災用高壓自來水。

　　9. 不再使用的水井，予以加蓋保留，災害發生時可做為緊急水源。而在避難所則可開鑿公共用緊急水井，除可設置緊急電源外，也可採用抽水泵。

10.除設置防火用儲水槽外，也可利用都市排水溝或貫穿市區之灌溉圳路等水利設施，作爲防火用水。

11.都市應設置完整的都市排水系統或雨水下水道系統，以排除洪水。

12.災害發生時若以學校、文化中心、都市公園或都市綠地等公共場所爲避難所時，應注意：

　　(1) 避免在活斷層及水災危險地點。

　　(2) 應爲耐震的建築物。

　　(3) 爲儲存緊急用食物與飲用水，應置儲水槽及食物儲存庫。

　　(4) 儲藏寢具及棉被等。

　　(5) 設置緊急用電源。

13.面積在1,000M^{2}以下的小社區公園並不適合做爲避難所。

14.市、鄉、鎮公所、醫院、消防及警察單位等之防災設施，應有相當於七級之安全構造。

15.若以學校做爲避難場所，則對於學校的防災計畫，應對教職員講解災害時之配合措施。

(三) 防災都市及地區隔離

　　都市中通常以防火帶爲主要幹道，分隔的區域較多，但若採分隔的方式來隔離，可能會失去區域的整體性。分隔主要依幹道的車道數及總寬度而定。車道數若爲往返六車道，總寬度以30M以上做爲地區分隔帶。由於六線道以上的幹道交通量較大，其交通號誌之處理，因以幹道爲優先，以避免造成橫跨的不便，因此若直線車道採地下化，較可減少地區分隔的感覺。

第三章

室內植物與人

第一節　前言

　　從1996年開始，學者專家針對「室內植物」有具體之研究與發表，翌年（1997年）仍更為明示「利用室內植物之調節室內環境」及「園藝療法（Horticultural Therapy）」等仍被廣泛採納與重視。由於植物可以讓我們的生活受到滋潤，讓大眾瞭解如何**活用植物**，尤其使人類不吃藥物，直接吸取植物之營養素（芬多精、香味、解毒等元素）促進身心靈之健康。原來，這就是「**植物、人類、環境**」之間相輔相成、彼此深切影響的關鍵（Life-Chain）。

　　我們一生中在「家」或「屋內」的時間，大約占一生中的1/3～1/2；又，隨著科技的進步，在辦公室或室內生活的時間亦增長了，因此以美觀或設計的角度考量，原先並沒有考慮把植物放在室內，而是在所有設備、設施安裝完畢後，為了**佈置手段**或是由於個人喜歡及嗜好，而把植物引進室內（圖3-1、圖3-7）。然而這種把植物帶入室內的動作，之後也延續了將綠色植物帶入「居家」、「厝」及「公共場所」。

　　最近，在愈是高級的處所、休閒場所、健身俱樂部、百貨公司、辦公大樓、住宅中庭等比較高水準、有品味的地方，就愈容易看到各式各樣氣派十足的植物被擺放、點綴在屋內，不僅滿足美觀與造景需求，還可以調節室內溫度、濕度等物理性環境，對我們的健康有著極大的好處。換言之，這個道理仍是人類對於鮮艷花朵、朝氣逢勃等綠色植物本能渴望的自然流露。另從科技或宗教角度來說：不論係進化論或創造論，都明顯地認定人類最初是由「**伊甸園（garden）**」開始的。

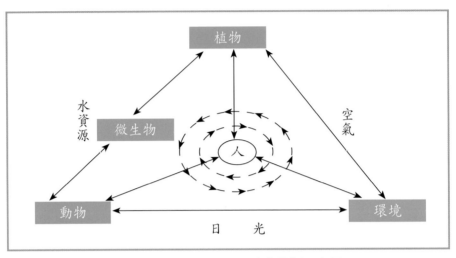

圖3-1　植物、人類、環境之關係示意圖

　　近年來，因科技日益進步，為提高封閉空間的生活品質，因此放置空調、暖氣、保濕機、空氣清淨機、負離子產生器等，人們大多知道要使用，但少有人去探討可以用「植物」來取代其功能。同樣地，隨著室內生活時間的增長，冷暖氣機所造成的空氣汙染物質、為進行有效的熱能管理而封閉空間導致空氣循環失調，以及建築和裝飾用材所釋放的某一些物質等等，導致現代人不斷地受到「病態建築症候群（Sick Building Syndrome, S.B.S.）」或「新屋症候群（Sick House Syndrome, S.H.S.）」等疾病的困擾，為了釋放或消除此困擾，我們對於「植物、人類、環境」之三方面關係的多向性思維，發現且覺悟到「利用植物來調節我們的居住環境，可治療並恢復身心靈健康，是以提高生活品質之良策：亦是園藝療法（Horticultural Therapy）、綠意舒適性（Green Amenity）的核心

價值」。現代人們的居住空間愈來愈小，生活品質亦愈來愈受到制約，停留在室內的時間相對地愈來愈長了，與植物進行交流互動是最好的自然恢復之道，使精神得到放鬆（Release）。

　　為了認識「**植物、人類、環境**」之互動互補關係，尤其是植物之本性、功能與此三者間互補需求的來龍去脈、詳述如後：

一、植物之基本生理狀況 —— 本性或特點

　　在室內栽種植物，必須同時兼具藝術與科學的特性：一方面，在室內擺放植物是一種藝術，顏色、型態、質感、容器與搭配等條件，都能給人們帶來**審美上的滿足感**；另一方面，應用科學的技術與方法，對於室內植物進行維護、培育、發揮園藝療法的功效，得以與居住環境相互調節。據此，我們應給予室內植物的關心、愛護，裨以達成這種滿足感之後的快樂。這種快樂，仍需逐步掌握到植物的構造、生理特性、栽培、維護、與環境有關基本常識，如瞭解光線、溫度、水分、濕度、空氣、土壤、病蟲害、植物與環境相關的根本知識等事項，以及**愛植物如愛人一般之樂趣**。

(一) 植物V.S.環境

　　台灣的氣候、環境除了仙人掌等多肉植物外，由於大部分**闊葉植物**生產於熱帶或亞熱帶，在高溫濕熱的環境下生長旺盛，且闊葉植物具相當高的**耐陰性**，只要在有些許光線的地方就不難照顧，同時它還具有適合在高溫多雨的環境下生長的特點。

　　植物需靠根部從土壤中獲取養分，但是土壤中含有各種微生物，大部分都能在土壤中產生有機物，與植物共存，並為植物提供所需的養分，還能分解生物體內的有機化合物，除去進入土壤的環

境汙染有害物質；而有些微生物可以分解室內空氣中進入土壤的有害物質，並把其作為自己的養料，如果選擇與這類微生物共存的室內植物（容後面敘述），將十分有助於淨化屋內空氣。植物能行使1.光合作用、2.呼吸作用、3.蒸散作用、4.輸導作用、5.二次代謝產物、分述如後：

1. 光合作用（Photo-Synthesis）

係將空氣中的二氧化碳與土壤內的水分，利用陽光，在植物呈綠色的細胞內含有的**葉綠體**內分解成碳水化合物與氧氣的功能，其作用過程的方程式為：

$$植物的光合作用：6CO_2 + 6H_2O \xrightarrow[\text{葉綠素}]{\text{日光}} C_6H_{12}O_6 + 6O_2$$

$$\underbrace{（二氧化碳）+（水）}_{\text{吸收}} \quad \underbrace{（葡萄糖）+（氧氣）}_{\text{生成物}}$$

$$註：\begin{cases} 吸收：水 + 光能 + 二氧化碳 \\ 生成物：氧氣 + 葡萄糖 \end{cases}$$

2. 呼吸作用（Respiration）

把光合作用產生的葡萄糖與氧氣結合，釋放出生物能量和熱能一種燃燒的過程。換言之，呼吸作用是在生物體內高度控制下，即呼吸作用發生時，吸取氧氣和葡萄糖結合、氧化，形成生命必須的生物能量（ATP）和巨大分子（核酸、蛋白質、脂類物質、碳水化合物）等組織物質。而這樣呼吸作用最終又形成了水分和二氧化

碳，產生的二氧化碳通過氣孔排出植物體外。

$$呼吸作用：(CH_2O)_6 + 6O_2 \longrightarrow 6CO_2 + 6H_2O + Energy$$

以上1.與2.明顯從生物化學的角度觀察，光合作用與呼吸作用是正反作用，光合作用利用光能把二氧化碳和水轉換成氧氣和碳水化合物；至於呼吸作用恰恰相反，它吸取氧氣與葡萄糖結合、氧化，形成生命必須的生物能量和蛋白質、碳水化合物等組織物質；最終又形成了水分與二氧化碳，並將二氧化碳通過氣孔排出植物體外（圖3-2）。

3. 蒸散作用（Transpiration）

大體上是通過植物葉面之氣孔排出水分叫做蒸散（Transpiration），通過土壤表面排出水分叫做蒸發（Evaporation），此兩者合稱蒸發（Evaporation）。葉子之表層除了氣孔的蠟層部分能夠抑制水分排出，至於水蒸氣、氧氣、二氧化碳以及其他一些氣體係多數次通過氣孔吸收或者排放的。人們發現這個小小的通道，大都分布在葉子背面，周圍是調節閉合的保衛細胞。

如果植物周圍的土壤乾燥，從根部吸收水分就變得很困難，於是保衛細胞關閉氣孔，將水分流失降低到最低。尤其是外面溫度高或者相對濕度低的情況下，這種現象通常會出現得更快。總之，如果植物因蒸散作用所散失的水分多於植物從根部吸收的水分，植物就會枯萎。

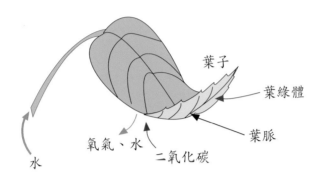

(a)植物之葉部構造

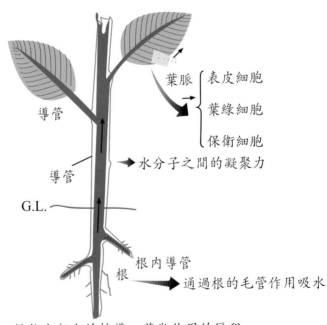

(b)植物內部水的輸導、蒸散作用的歷程

圖3-2　植物的光合作用示意圖

在進行蒸散作用的時候，水分從根部周圍的土壤，沿著植物的維管束向上快速運輸，而新鮮的室內空氣通過土壤表面進入到根部周圍。這時空氣中的氧氣進入土壤內，植物根部和土壤中的微生物就能正常呼吸了。

植物透過蒸散作用促進空氣流動，雖然只是在一個很微小的範圍內，但可以淨化室內空氣中的汙染物質，這種能力非常重要。建築物內部的空氣狀態大多相當乾燥，如果室內植物的蒸散作用很活躍，那麼就能促進含有汙染物質的上部空氣向近根部流動，而近根部處的土壤微生物便可在新陳代謝中，把這些汙染物質分解掉，轉化為自己營養成分和能量來源。

4. 輸導作用（Translocation）

植物的葉子，不僅能產生生命體必須的氧氣，而且對保持植物和近根部土壤內微生物的健康都具有重要的作用。另外，葉子還能吸收二氧化碳，把多種化學物質從植物的某個部位輸送到另外的部位，作用巨大。輸導作用這個術語指的就是向植物的各部分運送物資。

植物體內的輸導作用仍藉由兩條通道組織來完成：木質部（xylem）和韌皮部（phloem）。木質部把水和無機物從根部送到植物的葉子，具有非常重要的作用。而光合作用形成的葡萄糖和其他物質通過韌皮部，從植物的葉子送到所有非綠色細胞或組織。另外，木質部和韌皮部有一條相互連接的輔助管道，在某些環境下，它們的第一作用也會反過來進行。

研究發現，從空氣移向近根部的有機物質，對植物周圍土壤中

微生物的數量和種類有影響。這個事實意味著，室內空氣中的揮發性有機物質被葉子吸收後，經過枝幹和根部輸導到近根部，或因為蒸散作用直接進入到土壤內，然後被那裡的近根部土壤微生物分解掉。從另一方面講，植物從空氣中吸收的各種有機物質，即使沒有土壤內的微生物，也可以通過植物體內的生理過程加以淨化。

5. 二次代謝產物（Secondary mctabolites）

　　除了植物為維持生命所必須的基本物質之外，其他的化學物質統稱為二次代謝產物（或稱資訊化學物質：infochemicals）。二次代謝產物形成於葉子和枝幹，或是由根部分泌。過去認為這些二次代謝產物是植物體排泄的「垃圾」，但是最近人們發現，二次代謝**產物在「認識環境」、「物質轉換」、「和其他生物體進行交流」**等方面是非常重要的物質。

　　譬如，其中有些物質可以降低和其他植物的競爭，或者保護自己免於細菌、害蟲、動物的侵犯。許多種植物會分泌一種叫做松**烯（Terpene）的揮發性物質**，這種物質可以抑制其他植物的發芽和根部生長；另一方面，有時候也會透過植物之間產生相剋作用（Allelopathy）抑制其他植物的生長。

　　到高山森林中踏青時，深呼吸到的物質，就是植物裡面的松烯。而這種物質正是我們俗稱**芬多精（Phytoncide）**的主要成分，有安神、殺菌、鎮靜等療效。最近的研究顯示：芬多精也可以用來淨化室內空氣中的汙染物質。另外，對人類非常重要的許多藥品，都是用這類植物的二次代謝物質製作而成的。

　　總之，植物經由光合作用、呼吸作用、蒸散作用、**輸導作用**

等，不僅延續了自己的生命，還爲其他生命體提供了能量和氧氣，而且和周圍的環境、微生物不斷交流和相互幫助。因此，如果我們對這些植物的生理和生態環境瞭解愈深入，就愈能有效地發揮植物的功用，有利於室內空氣的優雅品質改善。

(二) 室內空氣品質惡化的原因

　　1. 室內逗留時間的延長。

　　2. 能源節約問題。

　　3. 通風和濕度調節的不足。

　　4. 室內釋放的揮發性有機物質。

　　5. 室內空氣汙染物質。

(三) 植物之功能：利用植物淨化室內空氣

表3-1A　主要室內空氣汙染物質的來源和對健康的危害（空氣環境研究會，2001）

汙染物質	來源	對人體的危害
懸浮微粒	空氣中的懸浮微粒進入室內，室內地面灰塵，煙灰等	矽肺症、塵肺症、炭肺症、石棉肺症
香菸菸害（各種氣體、碳化元素、賓士皮爾林、懸浮微粒、甲醛、尼古丁等）	香菸、捲菸、水煙等	頭痛、疲勞、支氣管炎、肺炎、支氣管哮喘、肺癌等
燃燒氣體（一氧化碳、二氧化氮、氰化物氣體、呼吸性懸浮微粒等）	各種爐（煤炭、瓦斯、石油）、壁爐、燃料燃燒等	慢性肺病、氣管受阻增加、影響中樞神經等

汙染物質	來源	對人體的危害
氡（氡氣的副產物）	泥土、石頭、水、地下水、花崗岩、混凝土等	肺癌等
甲醛	各種合成板、板塊、傢具、隔熱材（UFFI）、除臭劑、香菸煙害、化妝品、衣料等	眼睛、鼻子、喉嚨受刺激，咳嗽、腹瀉、皮膚癢、嘔吐、皮膚疾病、皮膚癌、情緒不安、記憶力喪失
石棉	隔熱材料、節熱材料、石棉瓦、煞車、防熱材料等	皮膚疾病、呼吸器官疾病、石棉症、肺癌：間皮瘤、扁平細胞癌
微生物質（微菌、細菌、病毒花粉症等）	加濕器、製冷設備、冰箱、寵物、害蟲、人類等	過敏性疾病、呼吸器官疾病等
有機溶劑（酯，醛，酮等）	油漆、黏合劑、噴霧、燃燒過程、洗滌場所、衣服、芳香劑、建築材料、臘等	疲勞、精神錯亂、頭痛、反胃、暈眩、中樞神經受損等
惡臭	外部惡臭進入室內，吸菸等	食欲減退、嘔吐、失眠、過敏、精神疲勞

表3-1B　室內空氣品質的維持標準

汙染物質／多種設施	PM10 μg/m³	CO₂ ppm	HCHO ppm	懸浮細菌總數	CO ppm
地下車站、捷運地下商店、地下商場、車站候車室、機場旅客大廳、港口候車室、鐵路候車室、圖書館、博物館、美術館、商務會館、兩種以上用途的建築物、劇場、百貨商場、宴會場所、室內體育設施、殯儀館	150以下	1000以下	0.10以下		10以下
醫療機關、保育設施、老年人福利設施、學校	100以下			800以下	10以下
室內停車場	200以下				25以下

表3-1C　室內空氣品質的參考標準

汙染物質 / 多種設施	NO₂ ppm	Rn pCi/l	TVOC μg/m³	石棉 個/cc	臭氣 ppm
地下車站、捷運地下商店、地下商場、車站候車室、機場旅客大廳、港口候車室、鐵路候車室、圖書館、博物館、美術館、商務會館、兩種以上用途的建築物、劇場、百貨商場、宴會場所、室內體育設施、殯儀館	0.05以下	4.0以下	500以下	0.01以下	0.06以下
醫療機關、保育設施、老年人福利設施、學校	0.05以下		800以下		0.06以下
室內停車場	0.30以下		1000以下		0.08以下

(四) 室內植物的管理與維護

　　植物具有**淨化空氣的功能**，同時也是一種**最自然的方式**，將綠色植物擺設於居家室內或辦公室，可以就近欣賞到自然景觀，不僅達到美化綠化的效果，也**幫助紓解人們緊張繁忙的工作情緒**。但居家或辦公大樓之綠、美化，必須考慮建築隔間或地形，並配合不同植物的功能及特性，才得達到最佳之**視覺效果、目地與藝術性境界**。

　　室內植物具有分隔空間、遮蔽不良視野、引導動線等功能，

應和家具造型相互協調，**植株大小應與空間配合，淺色牆面幾乎可襯托各種植物，深色牆面**則以淡綠色蕨類植物表現疏落有致。若多種室內植物共同擺放時，應選擇生長條件相似之植物。

由於室內環境與室外環境的差異相當大，因此選擇室內植物最重要的是**衡量室內溫度、光度和濕度**，適當的生長環境和合理的栽培管理，就是給予室內植物最佳的照顧，**若能小心照顧，便可使室內植物保持良好品質的長期觀賞期，**使它達到美學與其實用之目的。以下為各項管理及維護之原則：

1. 光線管理。　　　　　2. 溫度管理。

3. 相對濕度管理。　　　4. 澆水管理。

5. 肥培管理。　　　　　6. 病蟲害防治。

(五) 活用室內植物的必須理由

1. 淨化室內汙染物質（揮發性有機化合物、臭氣、一氧化碳、二氧化碳、氮氧化物、二氧化硫）。

2. 減少室內灰塵和空氣中的微生物（圖3-3）。

3. 夏季消暑、冬季抗寒、保濕作用。

4. 不但不會產生有害的電磁波，反而能阻止電器發出的有害電磁波。

5. 產生維生素——陰離子，對維持健康有益（圖3-4）。

6. 有些植物能釋放出揮發性物質，安神養性。

7. 觀看植物時，α波增加，β波減少，能改善精神及生理狀況。

8. 減少疲勞、減緩壓力，達到園藝療法的效果。

圖3-3　綠色植物、奼紫嫣紅，亮麗室內環境

圖3-4　綠色植物、奼紫嫣紅，亮麗室內環境

9. 提高工作效率（圖3-5）。

10.可以減少晚上的二氧化碳，如擺放虎尾蘭。

11.使人心中油然升起一股愉悅感覺。

12.具有綠建築材料和擺設的作用（圖3-6、3-7）。

13.最適合於有益身心靈的休閒活動。

14.無副作用，效益遠大於取得價格。

15.無需維護費，設置和淨化都比較簡單。

圖3-5　綠色植物、妊紫嫣紅，亮麗室內環境

圖3-6　大廳前出入口處的地上植物圖案

圖3-7　大廳前出入口處佈置亮麗蓬勃的高大植物花朵

第二節　室內植物與人

1. 室內植物：鐵線蕨——鐵線蕨科

分　　布：原產於北美、熱帶美洲及東亞
　　　　　地區。

生育環境：密葉鐵線蕨生長適溫為15～
　　　　　25℃，而台灣原生鐵線蕨在
　　　　　20～30℃，生長良好。約40～
　　　　　60%遮光為佳，忌強烈日照折射。

特　　徵：其根莖匍匐，短而密被麟片，自根莖上抽出葉片，總葉
　　　　　柄長約5～25公分，黑褐色，有光澤且具韌性，如鐵絲
　　　　　般硬挺不易斷裂。

2. 室內植物：白馬粗肋草——天南星科

分　　布：粗肋草原生於東南亞，特別
　　　　　是馬來西亞及菲律賓。常生
　　　　　長於樹蔭下，在低海拔地區
　　　　　較常見其蹤跡。

生育環境：喜愛溫暖高濕之環境。

特　　徵：粗肋草依株型可分為單莖直立、叢生或地下根莖型。
　　　　　葉斑顏色繁多；葉色有綠、青綠、亮綠、銀或灰、黃、
　　　　　紅。中肋顏色有紅、白及綠等。葉柄有綠、雜綠、象牙
　　　　　白、紅、粉紅和鏽色等。具佛焰花序。

3. 室內植物：黑葉觀音蓮──天南星科

分　　布：原生於溫暖潮濕且半陰之熱帶
　　　　　亞洲及美洲地區。

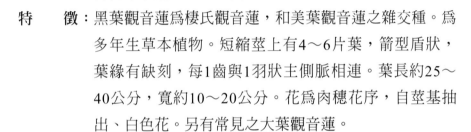

生育環境：生長適溫25～30℃，冬季低於
　　　　　15℃則生長停滯，地上部葉片
枯萎，需減少澆水量並置於溫暖、無風處，保持盆土適
當乾燥以過冬。若濕度高、溫度低，塊莖易腐爛。

特　　徵：黑葉觀音蓮為棲氏觀音蓮，和美葉觀音蓮之雜交種。為
多年生草本植物。短縮莖上有4～6片葉，箭型盾狀，
葉緣有缺刻，每1齒與1羽狀主側脈相連。葉長約25～
40公分，寬約10～20公分。花為肉穗花序，自莖基抽
出、白色花。另有常見之大葉觀音蓮。

4. 室內植物：火鶴花──天南星科

分　　布：原生於哥倫比亞及美洲熱帶地
　　　　　區在哥斯大黎加、瓜地馬拉都
　　　　　有廣泛的分布。

生育環境：生長適溫為日溫25～28℃，
　　　　　夜溫為18～19℃。溫度不宜高於32～35℃或低於13～
18℃。光線過強會發生日燒現象而使葉片白化。光度太
低則葉柄徒長，且花之品質及量皆下降。

特　　徵：火鶴花葉片濃綠且亮麗，觀賞期長而深受喜愛，是切花
及盆花的大宗作物。花頂生，佛焰苞片具有明亮蠟質光
澤，我們欣賞的部位即為佛焰苞。肉穗花序圓柱形。於

室內窗邊明亮光線處，能夠持續開花，且每個花序觀賞
期可達7～8週之久。

5. 室內植物：金脈單藥花——爵床科

分　　　布：原生於溫暖潮濕的墨西哥及巴
　　　　　　西，通常可以在強遮陰的地方
　　　　　　找到。原產地平均溫度約20～
　　　　　　28℃。

生育環境：單藥花於栽培光度15～20℃的室內生長良好，需避免
　　　　　　陽光直射，定期給水保持濕潤，給水過多容易導致病害
　　　　　　發生。室內每2～3個月施用一次液肥。

特　　　徵：花為頂生穗狀花序，由下向上漸次開放，苞片大，瓦
　　　　　　片狀層層重疊。花期為夏秋兩季，可持續數週。喜好溫
　　　　　　和濕潤的氣候，耐陰，忌直射光，氣溫高於35℃或低
　　　　　　於16～18℃都會引起葉片損傷。喜好疏鬆介質，忌積
　　　　　　水。主要品種為金脈單藥花。

6. 室內植物：台灣山蘇花——鐵角蕨科

分　　　布：原產於熱帶亞洲、台灣及玻里
　　　　　　尼西亞（中太平洋島群）。

生育環境：生長適溫為20～30℃，夏季
　　　　　　高溫葉片快速展開；在20～
　　　　　　25℃下易形成孢子囊群。

特　　　徵：台灣山蘇花又稱鳥巢蕨，為著生型大型蕨類植物。常見
　　　　　　園藝栽培品種有葉身寬闊短小的圓葉山蘇花，及葉身瘦

長不規則羽狀深裂的羽裂鳥巢
蕨。

7. 室內植物：袖珍椰子──棕科

分　　布：原產於墨西哥北部和瓜地馬
　　　　　拉，同屬植物約120種，主要
　　　　　分布在中美洲熱帶地區。

生育環境：性喜高溫高濕及半陰環境，生
　　　　　長適溫為20～30℃，於低溫
　　　　　13℃進入休眠狀，忌陽光直
　　　　　射。

特　　徵：莖幹直立，不分支不分部，小
　　　　　而堅挺的主幹，節上長有不定
　　　　　根。葉著生於枝幹頂，一回樹
　　　　　羽狀複葉，裂片披針形，小葉
　　　　　互生，且接近對生，基部狹而

端尖，革質，有光澤。春季為期花期，穗狀花序腋生，
花黃色，雌雄異株，雄花序稍直立，雌花序營養條件佳
時稍下垂，漿果橙黃色。

8. 室內植物：中斑吊蘭──百合科

分　　布：原生於南美洲西部，氣候乾濕分明的森林底層。

生育環境：生產時，栽培光度介於1000～2500fc。光度太高時會造
　　　　　成葉片褪色和葉尖焦枯，光度太低時葉片掉落、生長遲
　　　　　緩。栽培溫度介於20～30℃較佳，低於18℃會造成生
　　　　　長遲緩。

特　　徵：無柄的葉片自白色肉質根基部
　　　　　抽出，葉片細長、呈拱形、長
　　　　　約20～30公分、寬約1～2公
　　　　　分。植株常抽花梗，花梗尖端
　　　　　為總狀花序的小白花，花朵直
　　　　　徑約1公分。主要栽種品種為
　　　　　中斑吊蘭。

9. 室內植物：娃娃朱蕉——龍舌蘭科

分　　布：原生於熱帶亞洲、澳洲及熱帶
　　　　　美洲。

生育環境：生長適溫為20～30℃，溫度
　　　　　維持在10℃以上以免寒害。高
　　　　　光、涼溫有利葉片轉紅。應置
　　　　　於通風明亮的地方，如陽台或
　　　　　室內明亮處。

特　　徵：朱蕉為常綠木本植物，莖直
　　　　　立，細長。葉片革質，聚生枝
　　　　　條頂端，具有明顯的葉柄，原種為銅綠色帶棕紅。栽培
　　　　　品種具不同程度的紅、黃、綠、紫及白色葉斑。果實為
　　　　　紅色漿果，呈球形。株高可達3公尺。目前台灣主要有
　　　　　細葉朱蕉、娃娃朱蕉、綠葉朱蕉、即亮葉朱蕉等。

10. 室內植物：仙客來——報春花科

分　　布：原產於地中海東部，小亞細亞與愛情海島嶼。

生育環境：維持室內氣溫於15～20℃，超過20℃其花朵與植株壽命會減少、花芽停止生長。保持介質微濕潤，勿使其變乾，切勿直接由植株頂部澆水。

特　　徵：株高約20公分，葉柄甚長，葉片心型，厚肉質，色濃綠，表面散布銀灰色斑塊。喜好冷涼，在台灣冬至春季開花，花梗自葉腋處抽出，一梗一花，花蕾未綻時向下，當花開啓後旋即向上翻卷，集中盛開於葉叢中央，略高於葉面之上。雄蕊5枚，蒴果成熟時5瓣裂，種子有黏性。

11. 室內植物：盆菊——菊科

分　　布：原生於中國，西元8世紀傳至日本，18世紀由法國人傳入歐洲。

生育環境：室內光度不足，易造成花苞萎凋。水分過量或不足，容易造成根部腐爛、植株死亡及下位葉黃化。在通風不良時，易發生粉蚤、紅蜘蛛等危害。室內擺設要在強光且通氣良好的地方，如窗台或陽台。

特　　徵：宿根性草本植物，葉互生，背披絨毛，齒裂，具香辛味。由很多小花組成頭狀花序，小花有兩種，一是花瓣

發育完好，具有雌雄蕊的管狀花。由此兩種小花組成的
比例、形狀及大小，可歸列爲如下花型：單瓣菊、托盤
菊、蓬蓬菊；依花型可分爲大、中、小三種。其中，大
菊花徑應大於10公分。

12. 室內植物：噴雪黛粉葉──天南星科

分　　布：原產地爲中南美洲哥倫比亞、
　　　　　哥斯大黎加一帶。

生育環境：喜歡在溫暖、潮濕及非直射
　　　　　的光線下生長。黛粉葉能耐室
　　　　　內光，但斑葉品種至少需要
　　　　　150～250fc的光度，否則光度
　　　　　過低會使斑塊和葉色的對比變
　　　　　得不明顯或葉斑消失。

特　　徵：多年生常綠草木，莖有單幹及叢生型，葉身多呈橢圓
　　　　　形至長橢圓形，單葉，全緣，葉緣略波浪狀。主要品種
　　　　　有噴雪（天堂）、星光燦爛、大王、白玉、丘比特、乳
　　　　　羅、瑪莉安、多芽夏雪、寶玉等。

13. 室內植物：檸檬千年木──龍舌蘭科

分　　布：原生於非洲地區熱帶森林，低光高濕溫暖的環境之下。

生育環境：適宜生長之光度約2000～3500 fc。生長適溫爲20～
　　　　　30℃，低光環境下生長良好，且葉片可維持原有光鮮的
　　　　　顏色，生長速度緩慢，爲具良好耐陰性的室內植物。

特　　徵：檸檬千年木的莖幹直立，植株最高可2公尺以上，葉片

由三種顏色組成，中央深綠色條帶並有白色細線鑲邊，葉片邊緣則呈檸檬般的亮黃色，十分引人注目。

14. 室內植物：萬年竹──龍舌蘭科

分　　布：原產於熱帶非洲。

生育環境：喜高溫高濕，生育環境20～30℃，冬季低溫15℃以下需防寒害，忌日光直射，50～71%光照度較適合生育。喜高濕度。栽培介質以富含砂質之腐植質壤土為佳，常見有黃金萬年竹及白邊萬年竹。

特　　徵：萬年竹可作為盆栽及插花配材，植株規格以莖幹長度來區分，從10公分到120公分均有，一般而言，莖幹愈長價格愈高。萬年竹的莖幹可彎曲雕塑成各種造型，再搭配各種富喜氣的裝飾品，使其成為過年期間應景盆栽之一。

15. 室內植物：白斑垂榕──桑科

分　　布：原產於中國大陸、印度及馬來西亞一帶。

生育環境：垂榕具有下垂的葉片，在原生環境為密林，生長在全日照或遮陰下，因此對光的耐受度較大。光度不足，或濕

度太低，會有落葉的現象。斑
葉垂榕耐寒性較差，冬季需溫
暖避風。不耐室內油漆。

特　　徵：垂榕常出現在公共場合的大廳
或中庭，在家庭中也相當受歡
迎。此類植物耐旱、耐濕、抗
汙染，可植成大樹做綠蔭樹、行道樹、幼株可綠籬、盆
栽。在露地全日照栽培者，必須以光馴化處理後，再移
入室內，以減少落葉，有利室內觀賞品質。

16. 室內植物：印度橡膠樹——桑科

分　　布：原產於印度、東南亞及澳洲北
部。

生育環境：喜高溫高濕，耐旱，全日照
或半日照均可，日照充足下，
其生長較迅速。喜好明亮的環
境，但亦可忍受75～100fc的
低光。

特　　徵：株高可達20公尺以上，全株平
滑，具乳汁。葉互生，厚革質，橢圓形，先端銳尖，具
大型托葉，膜質呈鮮紅色或粉色。隱花果長橢圓形，成
熟呈黃紅色。常見品種有：乳斑紋緬樹、紫黑葉緬樹、
黑王子緬樹等。

17. 室內植物：擎天鳳梨──鳳梨科

分　　布：原生於中南美洲哥倫比亞、厄瓜多爾的雨林。

生育環境：生長緩慢，須栽培12～18個月以上才可達商業大小，對於養分需求低，喜好偏酸性介質。

特　　徵：葉片革質，長劍狀，其葉片基部抱合於短縮的莖部，為輻射狀排列。擎天鳳梨代表喜慶旺來，為新舊曆年節重要盆花，盆徑約4～5吋，大型擎天鳳梨植株花序長度達60公分，常見的擎天鳳梨組合盆由3～5株具有不同苞片顏色之品種所構成。亦有應用於庭院佈置，或切花作為瓶飾。為低維護管理的室內植物，病蟲害少。

18. 室內植物：嫣紅蔓──爵床科

分　　布：原產於馬達加斯加。

生育環境：喜好疏鬆、微酸性、富含有機質、排水良好的土壤。喜好溫暖的環境，16～20℃生長最佳。在無陽光直射且通風佳的地方生長良好。常見品種如糖果嫣紅蔓等。

特　　徵：嫣紅蔓以盆栽型式生產居多，主要生產3寸盆。可作為室內小型觀葉植物或組合盆栽用。在室內放置於陽光充足且陽光直射的地方，可使葉斑鮮明。若將其放置於陰

暗的環境，則植株呈線全綠不帶葉斑。若植株開花則應
將其摘除。

19. 室內植物：大岩桐——苦苣苔科

分　　布： 原生於中美及南美洲，多分布
　　　　　　於巴西南部。

生育環境： 植株生育適溫環境在２０～
　　　　　　30℃，光度約2000～2500fc，
　　　　　　空氣濕度稍高的通風環境。

特　　徵： 全株具有絨毛，具有塊莖。肉
　　　　　　質莖及葉片肥厚，葉片呈橢圓形，葉緣鋸齒狀，十字對
　　　　　　生，葉深綠，葉脈為淺綠色。成熟植株高約10～35公
　　　　　　分。

20. 室內植物：室內植物——鹿角蕨

分　　布： 分布在赤道至南北迴歸線之
　　　　　　間，原生於澳洲、東南亞、非
　　　　　　洲、及南美洲。

生育環境： 喜好明亮，不耐日光直射，稍
　　　　　　耐旱，夏季生長旺盛，須增加
　　　　　　澆水頻率。

特　　徵： 為多年生草本植物。嫩葉灰綠色，成熟葉呈深綠色，頂
　　　　　　端分岔呈凹陷型。具孢子囊的孢子葉呈灰綠色，型似麋
　　　　　　鹿角分歧狀。

第四章

雕塑台灣文化與自然環境
的藝術家——東北季風

第一節　前　言

一、來源

　　1987年挪威首位女首相卜倫特蘭[1]夫人在「**聯合國世界環境與發展委員會**」提出「**我們共同的未來**」，當中首度提出永續發展（**Sustainable Development**）一詞，其定義是「**既滿足當代人的需要，又不對後代人滿足其需要的能力構成危害的發展**」。

　　續之於1992年巴西里約熱內盧召開「**聯合環境與發展大會**」取得「**21世紀議程**」共識，成為21世紀世界各國的行動方針，且涉及與地球永續發展有關的所有領域，包括大氣保護、陸域水資源保護、土地資源管理、永續能源、永續森林、海洋資源、生物多樣性與保育、廢棄物管理與資源化、毒性化學物質與管理、自然災害防範與緊急應變、開發決策與環境考量等項目事宜。

　　1997年12月「聯合國氣候變化綱要公約」第3回合締約國會議於日本京都召開時，高爾（美國前副總統）以美國代表身分參加，努力促成先進國家簽訂削減溫室效應氣體排放比率承諾，完成簽定「**京都議定書**」（**Kyoto Protocal**），全名為「**聯合國氣候變化綱要公約的京都議定書**」，即是「**聯合國氣候變化綱要公約（United Nations Framew or k Convertion Climate Chamge）**」補充條款的目標是將大氣中的溫室氣體含量穩定在一個適當的水準，以防

1　2014年獲得東方諾貝爾：「唐獎」中的「永續發展獎」，於該年6月26日在台灣由李遠哲中央研究院院長／博士頒發。

止劇烈的氣候變化對人類造成傷害。議定書規定2008年～2012年共5年，先進開發國家的溫室氣體排放量，設定以1990年為基準年相比，削減目標達5%以上；然各國設定標準並不相同，日本為6%（圖4-1）、歐盟8%、美國7%。同時在印尼峇里島召開COP13會議，商議「京都議定書」後續協議，亦即**協議2013年以後的全球暖化對策，並通過「峇里路線圖」，規範已開發國家未來也應承擔溫室氣體減量責任**；增補在「京都協議書」協商期間，毀林未被列入議程，即資助有關（約20個）國家減少因森林砍伐和林相減少導致溫室氣體排放，並建立適當的監視系統（圖4-2）。

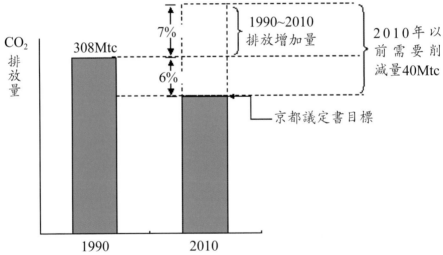

圖4-1　日本在2010年前需要削減CO_2目標值（日本經濟研究所／財團法人國家政策研究基金會）

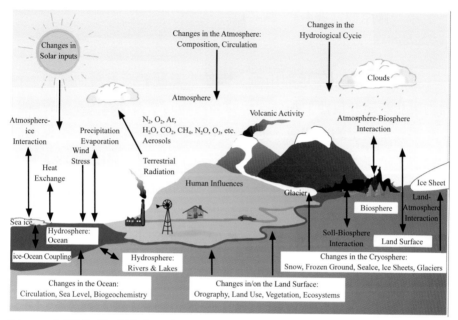

圖4-2　全球氣候系統中各個單位子系統、物理過程及交互作用概念圖
（IPCC, 2007）

　　另，對於因全球氣候遽變產生的災害地區，各國政府對於災民宜在安全、文化、生活及光明未來取得共識，加速災害區的家園重建，讓高山大地養息，並讓社區在文化絡脈傳承，自然環境保育永續發展。

二、緒言

　　每年十月到隔年三月，是東北季風最張揚的時節，不僅帶來冬天，更把一個小小台灣吹出許多風情萬種的在地文化。現在，就讓我們搭乘東北季風，看他如何在台灣的食衣住行留下痕跡。共有三條路線，詳述如後：

(一) 第一條路徑（圖4-3、圖4-4）

1. 路徑

　　東北季風遇上陸地與山脈：因挾水氣凝結成雲霧而降雨。台灣的東北季風源自西伯利亞吹至亞洲內陸的蒙古高壓，本來乾燥的東北季風是安定的冷空氣，通過比陸地更溫暖的北海後，不僅向海洋吸取了一些水氣，也因為海面磨擦力比陸地小，所以風速加強，使來到台灣的東北季風變得不太安定，經常風起雲湧。東北季風碰到台灣後兵分三路。第一路是從新北市、基隆與宜蘭一帶登陸且爬上雪山山脈後往台灣中部行進，挾帶水氣的東北季風遇上陸地與山脈，就容易凝結成雲霧，並降下雨水。

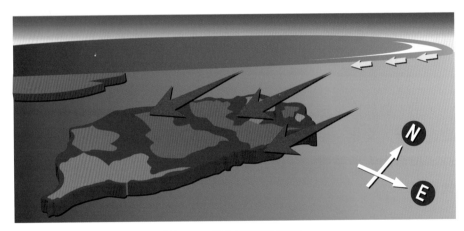

圖4-3　東北季風路徑圖

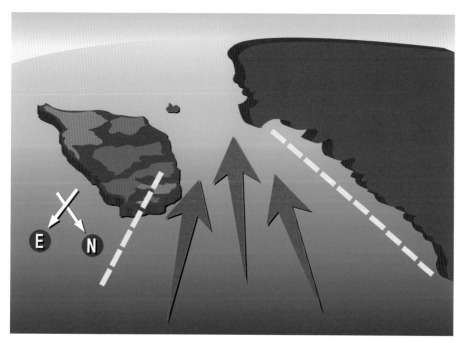

圖4-4　台灣季節風

2. 特性

　　天烏、面烏、厝烏：首當其衝的基隆，一年下雨日數有207天，甚至冬季裡，十天幾乎有七天陰雨、兩天多雲，**僅一天可見陽光**，是台灣下雨天數最多的城市，因此有「**雨港**」稱號（氣後變遷後，現在是**蘇澳**下雨天數最多），更有台語諺語「**基隆這號天，雨傘倚門邊。**」意思就是，雨傘是此地居民隨身的必備用品，與出門要穿的鞋子一樣重要。另外，基隆有名的三烏：「天烏、面烏、厝烏」，說明這裡因為缺乏陽光、天色陰暗，居民經常愁眉苦臉；「厝烏」，則因為雲霧從海上來，雨水裡有許多鹽分長年侵襲外牆，房子因而退色變黑。

3. 效應

(1) 多雨形成獨特景觀

　　北海岸附近太常下雨了。為了避免濕氣或雨水滲透到屋內，九份的居民除了採用排水快速的斜式屋頂，還在木造屋頂上鋪蓋油毛氈、刷柏油來隔離雨水（圖4-5），形成了獨特「**黑色部落**」的山**城景觀**。此外，走在台灣東北角的丘陵山脈如雞籠山會發現，這裡雨水很多，卻少有大樹森林，大多是矮小的草生地（**五節芒**）或**灌草地**（**林投**）。除了因為這裡的岩石較堅硬外，含有高鹽分的雨水與強風，也是不易發展成森林的主因。但每年深秋，可以來這裡欣賞滿山遍野、白茫茫的芒花（圖4-6）。

圖4-5　刷柏油的屋頂以吊鞋防護

圖4-6　芒草

(2) 冷氣團對飲食的影響

　　宜蘭地區也在東北季風的迎風面，再加上開口朝東的三角洲地形，不僅一年有兩百天左右的下雨天數，而有「**蘭雨**」**的稱號**，冷氣團也常毫無阻礙地「騷擾」當地。在地的婦女，為了讓在田裡辛勤耕種的農夫能享用熱熱的食物來驅寒增暖，在沒有保溫瓶的年代，就在烹飪時加入**芡粉勾芡，不僅美味，還大大減緩菜餚變冷的速度**。

　　此外，宜蘭名產「將軍水梨」、「桔仔」、「花生」、「三星蔥」以及由三星蔥製成的「三星蔥餅」，都是值得一試的美味。

　　進入陸地後，東北季風繼續爬上山脈，登上海拔大約2000M的

宜蘭太平山。原本在平地約10℃的濕空氣，在這裡只有0℃左右，所以這裡成為台灣最矮，卻經常下雪的高山。隨後，東北季風又往南攀登3500M高的雪山山群與南湖大山山群，這裡的下雪量更大，甚至還保存因古老冰河侵蝕而成的地形遺跡「冰斗（圖4-7）」，相當美麗壯觀，這可是熱帶與副熱帶地區中罕見的自然景觀。

圖4-7　熱帶與副熱帶地區罕見地形遺跡──「冰斗」

　　由於雪山為終年下雪的台灣第二高山，高度約**3500M以上**，下游水流因溶雪不斷，因此易形成崩塌坡地。其下游為小雪山、谷關溪〔其主要生態分布為五葉松（圖4-8）、**鱒龍魚**（圖4-9）〕至松鶴部落。

圖4-8　五葉松

圖4-9　鱘龍魚

(二) 第二條路徑（圖4-10）

1. 路徑

　　管道效應，風速加大：由於東北季風從摩擦力較大的中國陸地流經摩擦力較小的**中國東海**時，本來就產生**風速增加的現象**；加上台灣與中國福建省的**山脈與陸地位置分布因素**，使得從開闊的中國東海來的氣流，被匯集到面積較小、形狀像喇叭的**台灣海峽**，產生氣象學的「**管道效應**」，氣流因此被強迫加速通過就像在洗車時擠壓縮小的橡膠水管的出口，會讓水管內的水流出速度增加，**使水噴得更遠**。因此，當東北季風增強時，中央氣象局經常會對台灣西部沿海發布強風特報，風速甚至可以**達到輕度颱風等級**。

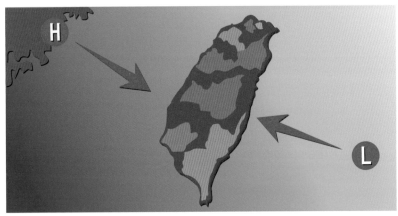

圖4-10　東北季風第二路徑示意圖

2. 特性

　　襲向新竹的九降風：首當其衝的，是陸地凸向海面，且距離中國福建省最近的新竹，加上新竹地形東邊高、西側低，氣流更容

易匯聚，使十一月到次年一月的月平均風速，都在**每秒九點五公尺以上**（可把路旁電線吹得**發出咻咻的聲音**），當地人統稱這種強風為「**九降風**」，意思是在農曆九月霜降節氣後吹拂的強風。秋末的新竹，太陽還有不小的威力，下雨的日數又不多，九降風所到之處，就像一部超大型的天然烘乾機。農民會把剛收成的稻米加工成米粉，或採集成熟的柿子與仙草，拿到庭院進行三分日曬、七分風乾。所以每年十月到十二月，是**新竹三寶**：「**米粉、柿餅、仙草**」（圖4-11）最好吃的季節。而為了好好利用這項天然資源，在新竹海邊也設立許多大型風力發電機組，生產無汙染的乾淨能源。宜蘭的農家婦女，為了讓親人吃到熱食，研發出保溫的「**肉羹**」料理。而在**新竹、苗栗的客家人**，為了讓食物保持熱度，則**把風乾的稻草編織成「茶壽」**（圖4-11），內部鋪上厚厚的棉被，把茶壺或便當放在裡面，就是台灣最傳統的**攜帶型保溫箱**。

圖4-11　新竹三寶之一：米粉、茶壽及風力發電機組

3. 效應

(1) 鹿港與澎湖的避風建築：九曲巷

　　九降風往南到了鹿港，強風中還夾雜許多河流出海口的沙，房子每建十間左右，排列方向就轉一個彎，並且讓一排排房子都靠的很近，產生「**九曲巷**」的建築景觀。彎曲巷道能分散風力、阻斷風沙，讓「**十月風沙飛不入，九天霜雪凍難侵**」，冬天住在裡面，感覺像是**暖暖的三月天**，所以這裡有「**曲巷冬晴**」的美名（圖4-12）。

圖4-12　澎湖的咕咾石老屋與鹿港獨特的曲巷建築

　　更把揚起在空中的浪花快速風乾，而形成「**鹽風**」。因冬季風量稀少，匍匐在地上的「**落花生**」，就成了**澎湖最重要的特產**。當地居民運用在地天然資源「**咕咾**」石（**珊瑚礁**），幫農地築出層層

疊疊的防風牆，由於表面粗躁可阻擋風沙，蔬菜作物就不容易被強勁鹽風侵害。

(2) 鎮風止煞的金門風獅爺

　　在新竹對岸的金門風勢也不小，而且當地東北季風盛行季節長達九個月。明朝時，中國沿海常受海盜侵擾，金門正值要衝，鄭成功到金門後，為了人民安全，又開採森林資源建造船艦，種種因素導致金門植被遭受破壞，風害更強烈。當地居民因此設立了**風獅爺來鎮風止煞**。目前金門的風獅爺共有**六十八座，每座都在村落門口**（圖4-13）。

(3) 中部風沙大：南部好曬鹽

　　東北季風囂張的時候，也是**中部濁水溪的枯水期**，河床上大面積的泥質沙礫容易被強風颳起，形成地區型的**沙塵暴**。在下游的雲林，**空氣品質**常常是「**危險**」等級，甚至懸浮微粒濃度高達2500微克（150微克為標準上限），導致呼吸道疾病或過敏患者增加。風沙大的時

圖4-13　貼心的民眾怕風獅爺受寒，替風獅爺披上「披風」

候，不只室內家具都蒙上一層沙，當地更有句名言戲稱「**吃飯拌**

沙」。東北季風過了台灣中部之後，因為這裡的台灣海峽距離變寬，從嘉義到高雄一帶少了管道效應，導致風速減弱不少。

此外，第一路徑越過雪山的氣流在這裡滑下山，因為水氣大幅減少，並且經常伴隨晴朗穩定天氣，使得三個月的冬季裡有下雨天數不超過十天。這樣的氣候條件與平坦的台南**沿海潟湖地形，就發展出台灣重要的民生物資產業：曬鹽業**（圖4-14）。

圖4-14　台南沿海的鹽場

(三) 第三條路徑（圖4-15）

1. 路徑

東北季風從中國東海襲奔而下，除了登陸台灣北海岸與竄入台灣海峽，第三條路徑就沿著台灣東部海岸一路向南推進。

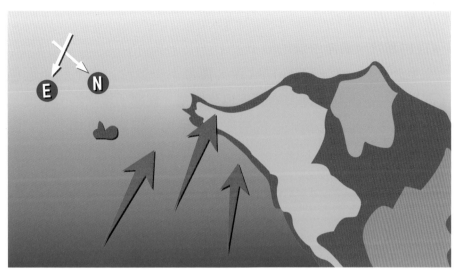

圖4-15　東北季風第三條路徑示意圖

2. 特性

氣流改向，加速前進：東北季風遇上南北走向的海岸山脈阻擋後，會在迎風坡形成空氣堆積，導致氣流改向後的加速現象，就如同水溝轉彎後不遠處，水的流速會增加一樣。所以花蓮台東的近海，在較大規模的東北季風過境的情況下，也會颳起漫天大風。

在海上的蘭嶼島感受特別明顯，當地的達悟族為了避風，會在山腳邊向下挖一個淺土坑，以坑壁作為牆壁，在坑口上架設屋頂，也就是把房子藏在地底下，形成「半穴居」，不僅能避開冬天的強風，也可以躲過夏天颱風的侵襲。

3. 效應

(1) 台灣唯一海岸沙漠地形

　　東北季風一路沿著海岸吹送，攜帶不少海沙，南下到了恆春東部海岸後，就在九棚山的腳下掉落堆積。經過「風吹沙」年復一年的匯集後，形成台灣唯一的海岸沙漠地形，稱為「**九棚沙漠**」或「**港仔大沙漠**」（圖4-16）。

圖4-16　恆春半島海岸邊的九棚沙漠

(2) 乾燥的強大氣流落山風（圖4-17）

　　爬上九棚山的東北季風，與爬上中央山脈的第一條路徑的東北季風，在這裡相遇匯聚。這兩支從山區來的氣流，同時往山下**恆春半島西岸俯衝過去，產生乾燥的強烈氣流**。

圖4-17　恆春落山風下的洋蔥

第二節 寒流的 DNA 與台灣黑潮 ── 赤道的暖流

一、寒流的DNA

(一) 蒙古高壓

　　由於地球傾斜二十三點五度（北回歸線在嘉義水上鄉），秋分過後，太陽輻射的直接照射區會逐漸轉往南半球，使北半球吸收到太陽輻射熱能的程度比自己散熱的還要少，所以北半球的氣溫節節下降，而且愈靠近北極圈溫度就愈低。不過並不是每個緯度氣溫下

降的量都一樣，由於陸地溫度散失比海洋的還要快，所以陸地表面的空氣溫度會一直降低；再加上地表多為白色的冰雪所覆蓋，向外太空反射更多的太陽輻射。在無法有效接受太陽的熱能下，空氣變得愈來愈重，形成高氣壓，就是我們氣象報告中常聽的到「**西伯利亞高壓**」或「**蒙古高壓**」（圖4-18）。

圖4-18　蒙古高壓冷空氣團匯聚往溫暖的低緯度移動

西伯利亞跟蒙古當地就像天然的大冰窖，氣溫可以低於零下40℃，當冷空氣持續在陸地上堆積聚集，就形成勢大廣大的冷氣

團。當冷氣團強度累積到一定程度,就像滿水位的水庫向低窪處洩洪一樣,冷空氣就往比較溫暖的低緯度方向一瀉千里。

(二) 寒流伴天晴

一般來說,冷氣團從西伯利亞到台灣需要三到四天,所以在冷氣團中心附近,是水氣最少、氣溫最低,並且可以看到陽光的好天氣。冷氣團前緣的涼空氣經常與暖濕空氣相遇,產生連綿數千公里且伴隨下雨的鋒面雲帶,鋒面雲帶的前緣就是強勁的東北季風。

因此每一輪冷氣團來襲時,原本天晴溫熱的台灣,會先歷經雲量增多、風速增強、再出現降雨,接著氣溫驟降。隨後冷氣團中心接近,天氣才逐漸撥雲見日,因而產生「**寒流伴天晴**」的氣象諺語,等到冷氣團減弱或離開後,氣溫才逐步回升。

(三) 長波輻射冷卻原理

冷氣團侵襲時最冷的時間,往往出現在第二天甚至是第三天的晴朗月夜與清晨。這是因為冷氣流會驅散雲層,讓天空逐步放晴。這時,星光點點的夜空會失去雲層的庇護,地面氣溫就像被掀開的被子,容易散失熱量,氣溫下降會更迅速,這個氣象學上稱為「**長波輻射冷卻**」的原理,也說明了為什麼有時候無雲的嘉南平原氣溫,會比同一時間陰雨的北海岸的氣溫還要低(圖4-19)。

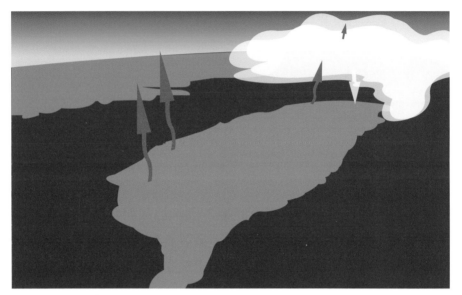

圖4-19 長波輻射冷卻原理，說明了為什麼有時候無雲的嘉南平原比陰雨的北
海岸氣溫還低

(四) 凝結成地形雨

　　蒙古高壓原本又冷又乾，但他移動經過海洋時，吸收海面的水
氣和熱量而改變原有特性，使東北季風在抵達台灣地區時，低對流
層內含有較豐富的水氣。隨後登陸台灣北部與東北部地區，強勁且
濕度高的東北風，遇到陸地與山脈後，就被抬升凝結成雲雨，形成
所謂的「**地形雨**」。

　　寒流侵襲時大幅降溫，容易引發民眾**氣喘**或**呼吸器官過敏**，對
患有心血管疾病的年長者更像是「凶器」。此外，**養殖漁業與山坡
地農作物**也常遭受寒害造成損失，例如虱目魚只要在低於10℃環境
一天的時間就會大量凍死，或受不了溫差太大而暴斃，一次寒流可

造成數千萬的經濟損失（圖4-20）。

(五) 地球暖化：北極綠地恐增五成

　　地球暖化加速，造成地球環境出現異常，北極將出現「綠化」，而南極海冰的面積將增加。根據美國與荷蘭昨天公布的兩份研究報告顯示，未來數十年內，北極圈的土壤將擺脫冰和永凍土，可能長出草、灌木和樹木，而南極洲冰棚將擴張。過去二十五年，北極圈氣溫上升速度，大約是全球其他地區的兩倍。美國自然歷史博物館等機構研究人員，在最新一期的《自然氣候變化》雜誌中指出，北極圈內的樹木繁茂區將在2050年前，**增長百分之五十二**（圖4-21），林木線向北移動數百公里。

　　參與研究的科學家皮爾遜說，北極圈植被大範圍重新分配，將對全球生態系統造成十分重大影響，例如尋覓特定極地棲息地的鳥類，必須重新尋找空地，在地面築巢。研究人員表示，原本北極圈地表覆蓋的冰雪，能**反射**大部分的**陽光**，但綠色植物卻吸收大量太陽光，未來北極地區氣溫不斷升高。

圖4-20　虱目魚凍死

圖4-21　地球暖化北極綠地恐增五成

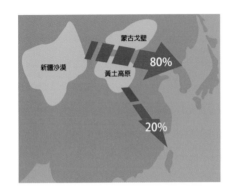
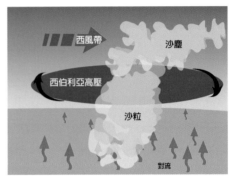

圖4-22　沙塵暴的起源地與成因

　　另外，南極洲周遭海水範圍在2010年已擴張至史上最高。荷蘭皇家氣像研究所報告顯示，這是因**夏季融化的冰水**，在冬季溫度下降時，再度**迅速結冰所致**。

(六) 保育珊瑚礁：台美學生互訪

　　位在屏東的國立海洋生物博物館，參與美國「**珊瑚礁大使**」計畫，讓台灣與美國中學生交流，由屏東車城、恆春國中的十名學生，與美國聖地牙哥的中學生互動。學生王宇維說，從中更瞭解珊瑚礁生態，將所學運用在**珊瑚礁保育**（圖4-23）。

　　海生館與美國在台協會曾在教育部舉辦「**珊瑚礁大使**」成果發表會。海生館館長王維賢指出，受到全球暖化影響，珊瑚礁環境衝擊最大，**需要全世界一起努力解決問題**，這次「珊瑚礁大使」計畫踏出國際交流第一步。

　　恆春國中學生莊晶勻說，參與美國博趣水族館時，透過儀器檢測海水二氧化碳濃度，藉由化學藥劑染色海水，觀察海水的酸鹼度

圖4-23 珊瑚與熱帶魚

是否發生劇烈變化，以及對珊瑚礁的影響。

　　不只台灣學生前往美國參訪，美國師生也受邀來台訪問，希望透過交流，為珊瑚礁保育研究奠定基礎。

(七) 浪漫雲街現身

1.緣由

　　蒙古高氣壓Ⓗ→中國黃海──

　　　　──→朝鮮半島以南──

---→台灣北部海面一帶的海域上空——·
---→出現大規模相依並排的條狀雲帶——·
---→浪漫雲街（**Cloud Streets**）。

　　浪漫雲街（Cloud Streets）是氣象上的一種稱謂，通常是出現在中國大陸東岸，形狀為一條條排列整齊的「雲街」，當它出現就表示「天氣」要變化了。

2. 效應

(1) 從水平面看：冷空氣經濕暖海面上升凝結成雲

　　・來源：

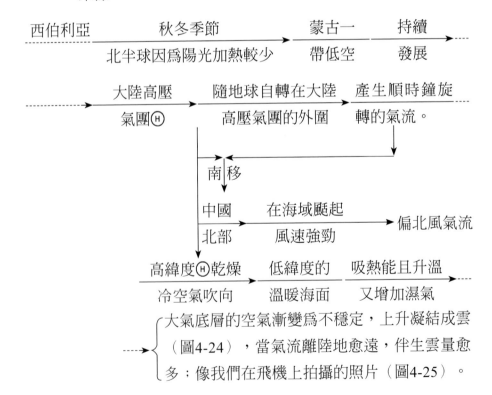

西伯利亞　　　秋冬季節　　　　蒙古一　　持續
----　　　　　北半球因為陽光加熱較少　帶低空　發展 →

大陸高壓　　　隨地球自轉在大陸　　產生順時鐘旋
---→　氣團Ⓗ　　高壓氣團的外圍　　轉的氣流。

南|移

中國　　在海域颳起
北部　　風速強勁　　　　　→ 偏北風氣流

高緯度Ⓗ乾燥　　低緯度的　　吸熱能且升溫
---　冷空氣吹向　　溫暖海面　　又增加濕氣

　　　{ 大氣底層的空氣漸變為不穩定，上升凝結成雲
----{ （圖4-24），當氣流離陸地愈遠，伴生雲量愈
　　　{ 多；像我們在飛機上拍攝的照片（圖4-25）。

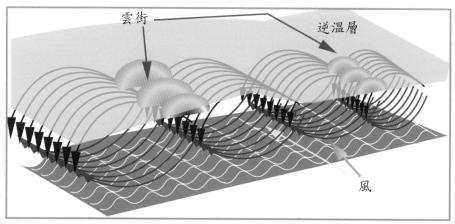

圖4-24　增暖的偏北風上升到逆溫層底部時會產生雲，並產生垂直對流。雲
與雲之間則是冷空氣下降的地方，雲層會被蒸散

(2) 從垂直高度看：逆濕層上暖下冷，空氣垂直對流

　　①

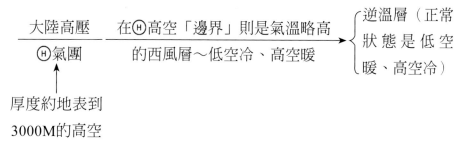

厚度約地表到
3000M的高空

雲街

鋒面

圖4-25　這張可見光衛星雲圖，能明顯看出「雲街」。當飛機在「A」的位置時，高空無雲，可以看見地面；在「B」的位置時，是剛進入雲街，雲朵已經增厚；到了「C」的位置，雲層很厚，已經完全看不見地面

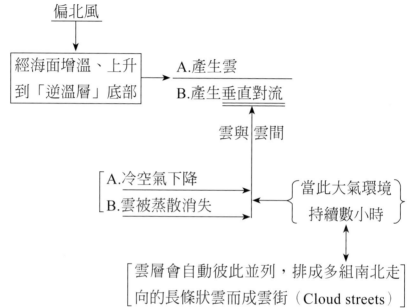

③ 特殊現象：

A.當衛星雲圖出現「雲衛」特徵時，代表東北季風增強[2]。

B.雲衛發展的長度愈長（約1000KM），表大陸高壓Ⓗ強度愈強。

C.若「雲街」方向直指台灣，則可推測台灣氣溫將大幅下降。

D.當「雲街」的尾端邊界抵達台灣北部海面時，也預言，台灣將受到冷暖氣團交界面的鋒面打擾；當雲街進入台

2　台灣的諺語：秋天母老虎，表示天氣變乾冷或會忽然變熱；冬至湯圓未吃，則棉襖（冬衣）不可收。

灣則天氣會轉為**乾冷**。

(八) 「寒潮」：怎麼那麼冷？

1.緣由

(1) 華人社會將每年農曆12月22日定為「節氣中的冬至」，也是一年之中「白天最短、黑夜最長」的日子。

①在這一天，台灣的習俗除了「吃湯圓」外，還有「進補」即「補冬」，這是為了儲備良好的體力以迎接冬天。在這段時節，若不巧遇上寒潮爆發，颱風、降溫、下雪，人甚至會因此受凍而死傷。因此這一天也是說明這一年「最寒冷時節到了」，預告民眾「冬至」以後會更冷，出門需有多穿或多帶衣服的心理準備。

②大陸高壓Ⓗ，來自冬季、高緯度內陸：

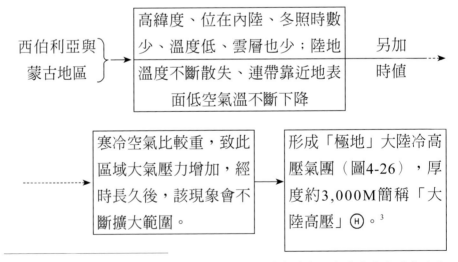

| 西伯利亞與蒙古地區 → | 高緯度、位在內陸、冬照時數少、溫度低、雲層也少；陸地溫度不斷散失、連帶靠近地表面低空氣溫不斷下降 | 另加時值 → |

| ⤷ | 寒冷空氣比較重，致此區域大氣壓力增加，經時長久後，該現象會不斷擴大範圍。 | → 形成「極地」大陸冷高壓氣團（圖4-26），厚度約3,000M簡稱「大陸高壓」Ⓗ。[3] |

3　大陸高壓Ⓗ：圖4-26中所示，大陸高壓中心的氣壓數值愈高代表氣團勢力愈強。但氣壓強不一定會對台灣產生很大的影響，需視此Ⓗ的移動情況而定，因：地球會自轉且會從西向東緩慢移動，但Ⓗ所處的緯度比較高，對台灣影響並不大。

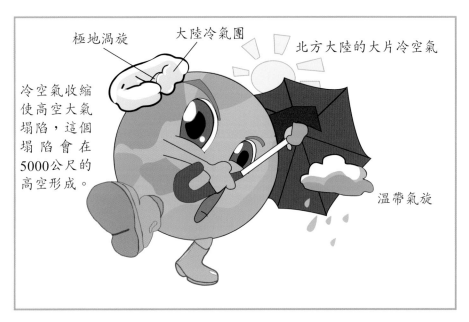

圖4-26　冷熱空氣交會，兩團空氣相遇產生低氣壓（這個低壓區就是溫帶氣旋，範圍極廣），低氣壓右側是暖空氣；左側是冷空氣。若溫帶氣旋持續發展，暖空氣就會跑到冷空氣上方，形成暖峰；冷空氣切到暖空氣下方，形成冷鋒。鋒面會產生降雨和降雪

2. 效應

  (1) 西風急流：平衡北極到赤道的氣溫。

    分為①北支氣流與②南支氣流。

    ① 北支氣流：

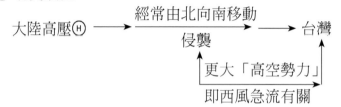

    ② 南支氣流：

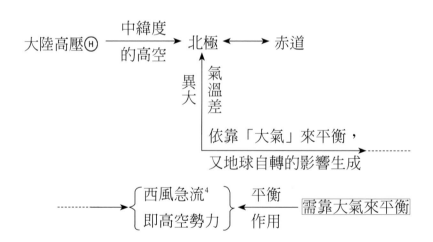

---

4 「西風急流特性」 ①(100~300)KM/hr的速度。
             ②∇體積＝長度×寬×厚（約上萬KM×數百KM×數KM）

(2) 北支氣流：將大陸高壓Ⓗ向東南推動。

　　① 西風急流：

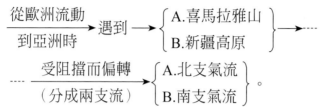

　　② 北支槽：

$$\underline{（氣象學的稱謂）}\ \frac{從中國北部向南}{流動的高空北支} \longrightarrow \frac{會把低空的Ⓗ向東}{南推動（圖4-26）}$$
氣流往下凹的地
方流動而成

　　③ 寒潮：

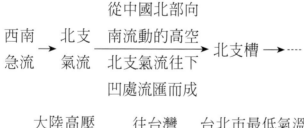

$$\longrightarrow \frac{大陸高壓}{乾冷空氣} \longrightarrow \frac{往台灣}{傾瀉而下} \frac{台北市最低氣溫}{下降10℃以下} \longrightarrow \cdots$$

　　　　　⋯⋯➝ 寒潮。

(3) 南支氣流：影響印度與中南半島的天氣。

(4) 西南急流

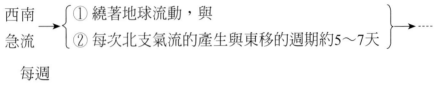

每週
經歷 {
冬天較明顯氣溫變化的因素
但北支氣流的強度位置非每次都一樣,分成三類(表4-1)
}
一次

(5) 大陸高壓Ⓗ中心

　　東移南下的三條路徑(圖4-27)。會讓台灣降溫最多的是中間路徑(第2條),尤其當Ⓗ中心南下抵達長江口附近時,台灣氣溫會降到最低。

表4-1　以台北市每日最低溫度預報為準,當冬天降溫時,中央氣象局會根據溫度高低做不同通報

日低溫 > 14℃	東北季風增強
12℃ < 日低溫 ≦ 14℃	大陸冷氣團
10℃ < 日低溫 ≦ 12℃	強烈大陸冷氣團
日低溫 < 10℃	低溫特報

圖4-27　大陸高壓Ⓗ中心東移南下的三條路徑

二、台灣黑潮——赤道的暖流

(一) 緒言

　　國際間舉凡**潮流匯聚**的處所，不論**熱、暖、冷、寒**流之間，兩者水流交匯的地帶，必是「**魚兒出產或出入口的所在地區**」。台灣**黑潮發源自赤道的一股暖流**，其特性敘述如後列：

1. 黑潮

　　發生在台灣的東西部海岸邊[5]

(1) 黑潮主流在夏天遠離海岸（退潮），冬天靠近海岸（漲潮）。

(2) 黑潮支流：逆向流動（圖4-28）。

5　台南、雲林一帶：東石港（黑潮）產烏魚仔、哈密瓜、鮪魚、鱔魚、虱目魚、蚵仔等資源。

2. 黑潮主流

　　自赤道的一股暖流，帶來許多浮游生物，食物鏈（food-chain），引來魚群的覓食形成漁場，形成台灣東部海岸的豐富海洋資源，如由菲律賓前來的鰻魚苗、海中黃金，烏魚卵（仔）與虱目魚等（圖4-28）。

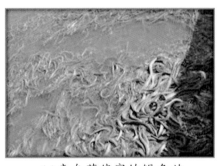

(a)來自菲律賓的鰻魚苗

(b)抓虱目魚

(c)抓鮪魚

(d)烏魚子

圖4-28　台灣東部海岸的豐富海洋資源

3. 黑潮支流

　　在冬季黑潮漲潮會向海岸移動，並受冰寒東北季風侵襲，使沿岸水溫有間接的保暖作用，海水較溫暖（圖4-29、圖4-30）。

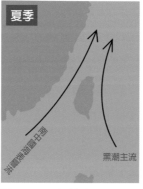

圖4-29　台灣周邊黑潮漲　圖4-30　台灣海域夏季與冬季洋流向圖。黑潮在
　　　　　退潮潮水流向變　　　　　　夏天會較遠離海岸，在冬天較靠近海
　　　　　化示意圖　　　　　　　　　岸；黑潮支流原本在夏天流向台灣海
　　　　　　　　　　　　　　　　　　峽，冬天時卻受中國沿岸的北支氣流影
　　　　　　　　　　　　　　　　　　響，而折向西流

(二) 效應

1. 海裡跳出黃金：當烏魚洄游到台灣（圖4-31）

(1) 緣由：每年12月至隔年2月中旬的季節裡：

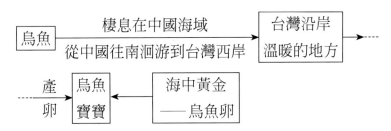

烏魚 —— 棲息在中國海域／從中國往南洄游到台灣西岸 —→ 台灣沿岸溫暖的地方 —→ … 產卵 —→ 烏魚寶寶 ←— 海中黃金 —— 烏魚卵

(2) 歷程：烏魚爸媽為寶寶前往南方：

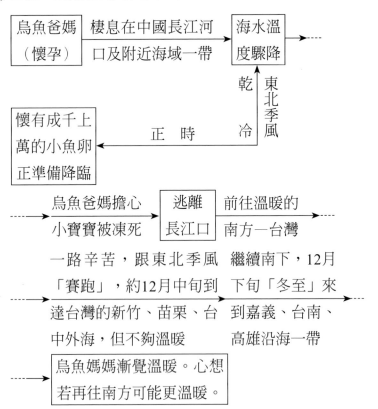

烏魚爸媽（懷孕）—— 棲息在中國長江河口及附近海域一帶 —→ 海水溫度驟降 —→ …

東北季風 乾冷

懷有成千上萬的小魚卵正準備降臨 ←— 正時 ——

烏魚爸媽擔心小寶寶被凍死 —→ 逃離長江口 —→ 前往溫暖的南方－台灣 —→ …

一路辛苦，跟東北季風「賽跑」，約12月中旬到達台灣的新竹、苗栗、台中外海，但不夠溫暖　繼續南下，12月下旬「冬至」來到嘉義、台南、高雄沿海一帶 —→ …

烏魚媽媽漸覺溫暖。心想若再往南方可能更溫暖。

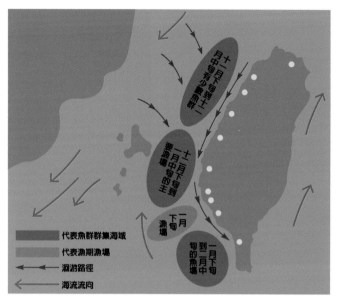

圖4-31 烏魚迴游路徑

(3) 烏魚寶寶：來不及出生長大[6]→被漁民們張網捕魚。

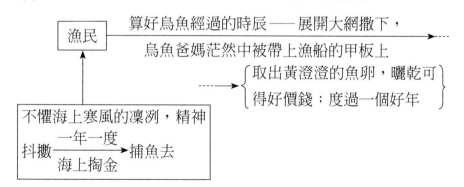

---

6 烏魚爸媽為了孩子這麼努力，養育的親情是世上最偉大的典範。

(a)烏魚卵經過反覆曝曬與壓曬，最　　(b)被剖取烏魚卵的烏魚
　　後成為珍貴的烏魚子

圖4-32　黃澄澄的魚卵可以賣得好價錢

(4)

| 幸運逃過漁網的烏魚們 | 繼續往南邊遊 1月下旬到溫暖的屏東 → | 孕魚媽產下烏魚寶寶，孵化小烏魚，會躲到河口與河川下游。 → |

| ……→ 當寶寶夠大夠強壯時，隨爸媽腳步 | 游回長江附近海域 → | 等待明年冬天再一次南下，往溫暖海域出發！周而復始、循環不息，令人感動。 |

(5) 烏魚：

　　主要棲息在溫、熱帶水深零到一百二十公尺的入海口，幼魚常溯河到淡水河川河口及下游。牠們是雜食性的，以有機碎屑為食；具有隨海溫遷移的習性，每年冬季產卵期，會進入台灣海峽西南部產卵。

(三) 奇蹟或地利？

1. 緒論

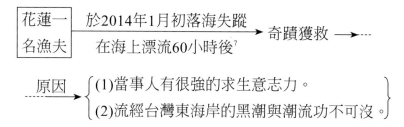

2. 效應

(1) 沿岸潮流退潮往南流動，並非全流向外海（圖4-33）。

　　漁夫在出海口被浪捲入海中時，意外抓住一塊浮木；另靠簡單打水動作，保持在海水表面隨波逐流。漁夫在花蓮落海，卻在台東縣長濱鄉樟原海岸的沙灘上被海巡巡署人員發現；若在漲潮時落海，依潮水流向會向北漂流，則可能在宜蘭海岸海域出現。

(2) 溫暖黑潮，冬季向海岸移動。

　　漁夫說落海後感覺水溫還算溫暖，不覺寒冷。獲救理由：

　　①他身穿多件衣服，就算浸泡在水裡，衣服隔層間仍能形成保暖作用，有效減少體熱發散，降低了失溫的危險。更重要的是，長年流經台灣東部海岸的黑潮為暖流。

　　②黑潮是源自赤道的一股暖流，因為帶來許多浮游生物，吸引魚群前往覓食而形成漁場，為台灣東部海岸帶來豐富的海洋資源

7　黃金72小時：一般來說，人在三天內不吃不喝，身體還勉強可以支撐；超過72小時仍沒有喝水，身體可能就面臨嚴重的脫水狀態，對生命造成威脅。因此最好能在72小時內完成救援。

（根據台灣師範大學地球科學系吳朝榮博士等學者長年的研究發現）。

③黑潮在冬季時會向海岸移動，這對受寒冷東北季風侵襲的沿岸海域水溫具有間接的保暖作用。這也說明為何漁夫感覺到海水是「溫溫的」：溫暖的海水也緩和他失溫的速度，增加生存的機率。

④落在海裡，卻不能喝海水，因為海水鹽度過高，喝了反而會加速身體失水，提高死亡風險。

⑤黃金72小時內及時被發現、救援。

總而言之：漁夫漂流獲救，源自赤道之暖流的黑潮幫了大忙；也算是天時、地利、人和的奇蹟。

落海時間：
1/3 凌晨約3、4時

花蓮溪出海口

大約75公里

長濱鄉樟原海岸

發現時間：
1/5 上午11時

圖4-33　曾姓漁夫落海及獲救的時間、地點

第五章

病態建築症候群與園藝療法

第一節　前言

　　現代人在緊張忙碌的步調下，忍受噪音、空氣汙染以及種種生活壓力，盼望回歸自然以抒解情緒、調協身心。在室內擺設綠色植物不僅可以美化空間，科學研究更顯示**栽培植物有助於放鬆心情、減少壓力與疲勞感，且具實際改善日常空間內落塵及有機揮發物質等功效**（圖5-1）。

一、定義

(一) 病態建築症候群（S.B.S.）

　　一般人的觀念中，對室外空氣汙染的關心程度遠勝於室內空氣汙染，但根據估計，現代人每天約有80～90%時間是在**室內度過**。而近年來報導指出，當置身於密閉性較高的建築物內，許多人會出現**頭痛、眼、鼻或喉嚨的感染、易感冒、皮膚乾燥發癢、嗜睡、噁心、無法專注、易疲勞、對氣味敏感**等種種生理的不適症狀出現，我們稱之為「病態建築症候群」（Sick Building Syndrome, S.B.S.）。此症候群無法用特定症狀界定，而一旦離開這類建築物後，這些症狀便可獲得改善。

　　S.B.S.大部分與建築內空氣汙染有關，在某些無窗戶的建築物裡，空氣汙染的程度可高達到室外環境的100倍之多。世界衛生組織於1984年報導全球約有30%新建築有室內空氣汙染問題。美國環保機構（EPA）指出室內空氣汙染名列危害大眾健康之前五名，每五位美國人就有一人曾罹患與室內空氣汙染有關之過敏疾病。

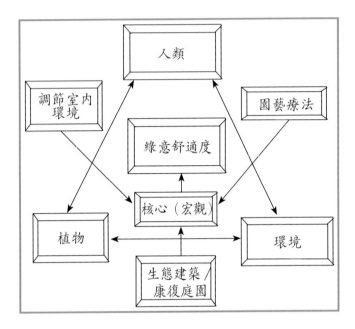

圖5-1　植物、人類、環境之關係示意圖

德國學者Brasche等人（2001）認為不良的建築設計、工作性質與工作者生理狀態等三個因子，綜合影響工作者對工作環境的感知，進而造成S.B.S.。此研究問卷調查顯示，由於女性情緒波動表現較大，於相同工作環境下，女性較男性易罹患病態建築症候群：

罹患率，女性：男性 = 44.3%：26.2%

(二) 園藝療法（H.T.）

最近，人類著力、熱絡於一項全方位的活動，**應用植物與園藝活動、科技方法**，培養社會、教育、心理與生理等方面的適應力，進而恢復身體的活力，進求精神上的康復，我們這種以「植物本性之功能」為出發，求取「有氧生命（活）力」，以獲取、保護「身

心靈健康」的最好「自然方式」的**運動**療養方法，即稱為「**園藝療法（Horticultural Therapy, H.T.）**」。換言之，園藝療法仍以植物與園藝活動為媒介（圖5-2），運用專門的科技技術與方法來治療並恢復身心健康，致力於恢復綠色的舒適性且保護環境，包括了有效能的物質、精神性的作用，是一種同時治療身心靈、精神與生理之全方位的治療方法（圖5-3）。爰此，治療的對象，不僅是精神、身體障礙者，包括飽受心理、高齡長者，應考學生等社會中蒙受著精神壓力的人們，所以說園藝療法係一個非常有益健康改善之道。

圖5-2 平日之耕種、待成果（花果）呈露時，當生慰藉的滿足感

圖5-3　由於閒暇時之灌培，等枝葉美化倍覺生命力之增加、延展能量

二、瞭解植物的特性與功能

　　孫子兵法：「**知己知彼，百戰百勝**」，我們需先瞭解植物的特性與功能，然後方可有效地「**對症下藥，一針見效**」，茲將植物對S.B.S.與H.T.之有關治療方法等事宜分述如後：

(一) 病態建築症候群（S.B.S.）

　　對於病態建築症候群由許多研究顯示，為了避免發生此症狀，最好是即刻離開這類密閉式建築物，但需要工作，因此是不可行的方法，除了以物理性或化學性的方法來減低S.B.S.的發生之外，最自然的方式是在**室內擺設植物**。爰此，我們對於「植物的特

性與功能」必須清楚、瞭如指掌般地減少室內空氣汙染的室內植物種類，如何應用於居家綠美化之功用，特別是維持與平衡著**人類身心靈的樂活、生命力及健康。**

至於室內植物的種類，其特性與功能請參閱本書第三章之敘述。於此，再提綱挈領地加強對於室內植物之說明如下列事項：

1. 剷除主要室內空氣汙染物質的來源與對健康的危害（可參閱表3-1A）、室內空氣品質的維持標準（可參閱表3-1B）與參考標準（可參閱表3-1C），還有提醒隨著因應能量節約的需求，愈是密閉式的建築物，S.B.S.這些症狀就會愈嚴重。另，在幼兒園室內對於病原性細菌抵抗力弱的兒童，必須採取特別的保護措施。

2. 利用植物淨化室內空氣（參閱第三章），如使用**觀音棕竹**，對淨化甲醇的功能時間愈長、淨化率愈高；植物能釋放抑制空氣細菌的化學物質，若植物占據空間的50～60%，就幾乎沒有細菌，由於從植物體內釋放的芬多精，大部分透過**松烯化合物**（Terpenoid）而產生**殺菌**、**鎮靜與緩和**作用。另，植物不僅把揮發性有機物質吸收下來，還經由代謝作用進行分解轉換成為體內必需的物質。

3. 室內擺放時選擇**葉多的植物，且盡可能選用高大一點的**（高≦1.0M），如馬拉巴栗、印度橡膠樹、鵝掌藤等。另，室內擺放植物可以減緩緊張的情緒，有利於保持健康，但是睡覺時盡量打開氣窗，使室內外空氣產生對流——平衡室內外CO_2之濃度，並選擇室內擺設仙人掌和多肉植物，尤其是把闊葉植物與仙人掌放置在一起，不管白天夜晚都可以持續減少室內CO_2的含量。如此，不僅美觀、亦是應用科學的尖端使空氣淨化之技術之一種有效能的方

法，因為仙人掌本體就是沙漠中之最佳**抗耐性**（少水亦可活者）植物，今把它的葉子變成針形，發揮體內長時間地儲存水分之功效。

4. **綠色植物**有利於室內的空氣**吸收塵埃之作用**，因為擺放植物後發現：隨著室內空氣中的懸浮微粒含量變少，室內地板上累積的懸浮微粒含量也變少了，仍意味著這些懸浮微粒係被植物吸附或吸收，特別是葉子表面積愈大植物，淨化懸浮微粒的效果愈好。

5. 臭氧（Ojone, O_3）：平流層中的臭氧作用負責吸收地球表面的紫外線；近來由於冷媒的使用，產生氟氯碳化物（ClFCs）及一氧化氯（ClO），在陽光下發生光化學反應，形成對流層中的臭氧，破壞了平流層中的臭氧層。若對流層中的臭氧濃度過高，會對人類、動植物產生危害，如位在利用高壓電流的辦公機房、空氣清淨機庫房內，易刺激人的肺部、眼、鼻等感知器官，將會對人體造成傷害；另，如植物體內吸入O_3，會使植物葉子表面壞死，導致容易出現「**黃白化現象**」。爰此，在室內擺放白鶴芋、長春藤、垂葉榕等捕捉臭氧植物，可減少、抗臭氧的侵害。另外，如碩樺（Betula Costata）、束洋蘭的四季蘭（Cymbidium Rubrigemmum）、報歲蘭（Cymbidium Sinense）都有很好的淨化臭氧效果。而在大量辦公機器設備室內放置**菱葉藤**時，可當作一種臭氧警報器或在夏季經常要打開窗戶通風，也會有很好的淨化效果。

6. **空氣中的維生素** —— **陰離子**：我們若在瀑布、溪邊、噴泉與森林裡時，由於它們的水分子激烈運動產生很多陰離子，所以覺得輕爽、舒適，係陰離子對人體產生調節自律神經、改善失眠、促進新陳代謝、淨化血液、活絡細胞、恢復元氣等作用或功效。相反地，在室內各種電器所釋放的電磁波與室內**吸香菸往往會產生陽離**

子且**數量快速增加**，危害人類健康。爲了健康，在室內擺放虎尾蘭、白鶴芋、觀音棕竹、八角全盤等產生陰離子之植物，讓室內**空氣補充維生素（陰離子）**，且讓室內空氣中存大量的陰離子，則不僅提高生活品質，更是必須保持之物。如植物體周細菌或毒菌孢子的減少，可獲得驗證。

　　7. 室內綠色植物：

　　　　(1) 有益心理健康，由於綠色植物可讓人類的心靈澄淨。

　　　　(2) 治療精神分裂患者。

　　　　(3) 舒解眼睛疲勞及肩膀痠痛之最自然的**疲勞恢復劑**。

(二) 園藝療法

　　係誘發「**參與或親手**」栽植、培種植物之法寶，讓人們親自去照料植物生命，不但可以舒解眼睛疲勞與肩膀痠痛，還能提高認知能力如聞花香、用行動不便的手剪掉枝幹、在容器內分隔內播種、接觸泥巴等行動，培育自信力。與社會適應這種能力；特別是年長者如修剪草木，可以鍛鍊心理、身體（減緩體力退化），並培養高雅的修養，及訓練兒童的集中注意力（注意力缺陷過動症，Attentation Deficit Hyperactivety Diserder, ADHE），也可減少、舒緩青少年壓力。

第二節 病態建築症候群與園藝療法

一、病態建築症候群（S.B.S.）

(一) 室內擺放植物一定要配上花卉（植物+花卉）

不良的工作環境和工作壓力，讓上班的生理、心理、身體健康上加重了負擔，對於室內工作者之室內環境的品質與健康問題有著明顯的直接相關性，因為闊葉綠色植物（特別闊葉植物+盆花植物效果更好）對人類具有減少、舒緩壓力的作用，而鮮花、盆花不僅能誘發我們積極穩定的情緒與感情，還能增添室內環境的美感或視覺；同時按季節配上不同的鮮艷花卉，更益顯出不僅外觀漂亮，且對消除壓力與改善生理、心理有非常好的效果。

(二) 室內空氣品質惡化的主因

1. 在室內逗留的時間延長。
2. 密閉式的建築物與非天然的傢俱設備。
3. 通風擺放措施不夠或未暢通。
4. 包括人類在內的生物體所排放出的排泄物的危害。

(三) 病態建築症候群（S.B.S.）的改善方法

1. 縮短在屋內的停留時間。
2. 栽種室內**植物 + 花卉**。
   原因如下列：
   (1) 室內植物減少空氣汙染。
   (2) 植物可減少屋內落塵。

(3) 減少二氧化碳。

(4) 除減有機揮發性物質（VOCs）。

(5) 植物有益生理及心理健康。

(四) 室內植物使用上之特徵

本章所敘述植物的重要性已是不容置疑的了。

但是在實際狀況下使用的最好方法，提供下列幾點參考：

1. 在室內擺放植物配上花卉時，儘量首選第三章第二節之20種室內植物之功能性植物；其次再考慮美觀或選項植物為宜。

2. 依據植物的種類、大小依生長環境的不同，所選擇植物的功能亦不同：先考慮溫度調節及改善室內空氣品質的功能，再從審美角度出發，依後列標準來作選擇：

   (1) 室內植物擺放的面積≧3～4%之房間面積，意即選擇的植物，依擺設較多面積之植物，其該占地面積多些的為主。

   (2) 在各處擺放3%左右的小植物如盆栽、小灌木且其高度≦1.0M為宜。

3. 擺放室內植物應按其特點而行，如依照其需要的光線強弱而定。

4. 盡量選擇葉多、生長旺盛的植物，並定期擦拭植物的葉子，因植物的葉子是植物進行光合作用最重要的器官。

5. 盡可能讓室內植物多曬太陽；另外，播放音樂，因為好的音樂可以讓植物提高蒸散作用。

二、園藝療法（Horticultural Therapy, H.T.）

(一) 為了「有氧生活」、「健康」著想

根據「世界衛生組織憲章」，所謂健康：除身體沒有疾痛，不虛弱外，更擴展到生理、精神、社會等方面都呈現著**完整**且**安定**的狀態。在今日複雜的社會結構中，人類承受著各種壓力、環境汙染、有害食品（如塑化劑）等影響因素，威脅到我們的精神、生理、社會等各層面的健康，不僅影響到個人還已擴展成為社會**整體性的問題**。

(二) 園藝療法的特點

1. 以生命為媒介，增加活力。

2. 具有互動性，讓植物、人類、環境彼此之間產生感情交流。

3. 由創造性的破壞昇華到藝術層次。

4. 出自內心的渴望。

5. 親自去照顧植物的生命、親情、愛。

(三) 園藝療法的功效

園藝療法係依其對象與特徵或治療目的，大致可分為**職業性**、**治療性**、**社會性**等三種療程。其中治療性過程可分成**精神效果**和**生理效果**兩種。

園藝療法的精神效果，最具代表性的就是穩定心理情緒，也就是說，綠色刺激對負責語言、記憶、情緒等頭腦功能的活性，有非常良好的作用。不僅如此，綠色植物還對人類活力象徵的血壓和脈

搏具有安定的作用。另外還發現，它對減少壓力也頗有效果。這些在在的肯定了利用植物進行園藝療法所帶來的成效。

實際上，對多種對象實施的園藝療法療程之中，**透過植物來穩定心理情緒的效果是最基礎的效益**。從減少患者的不安和憂鬱，改善智能不足者的社交能力，提高精神分裂患者的自主能力和社會意識，到增加老年人對生活的滿足感等等，園藝療法皆符合各目標任務的種種療程之功效、目標。

另外，從生理方面來看園藝療法的效果，它可以使生理機能下降的治療對象恢復健康，所以可以保持和增強一般人的**生理機能**。根據最近的研究顯示，以植物這種生命體為主軸的園藝活動（如**屋頂花園**），可以減少體內的壓力賀爾蒙，增加對各種疾病的免疫力，並對導正機能退化性肢體不自由者的姿勢、保持老年人的健康，以及預防失智等等，效果相當顯著。

在實際試驗中發現，園藝療法具有改善身體障礙，特別是恢復患者的大、小肌肉功能，透過這些園藝活動來消耗能量，對他們身體的平衡能力和健康都相當有幫助。對於常人來說，進行一定時間量的園藝活動，也可以像騎自行車、散步等運動一樣消耗卡路里。而且從營養學上來說，從園藝活動中獲得的效能，也對健康非常有益。簡言之，園藝療法對於下列「**對象**」而言具有良好的功效：

1. 對於**腦中風**的患者：找到堅持復健的勇氣，提高認知的能力。

2. 對於**精神分裂症患者**：培養其對社會適應的能力。

3. 對**智能不足者**：改善其對生活的適應狀況，準備重新投入工作。

4. **對於老年人**：減緩老年者的身體功能退化，提高生活品質。

5. **對於老年失智症**：增強其對社會的適應力。

6. **對於兒童**：培養其集中注意力。

7. **對於青少年**：可減少壓力。

(四) 園藝療法的過程

園藝療法的對象不僅有精神、身體方面的殘疾人士，還包括在複雜社會結構中，壓力沉重的人、退休者、高齡老年人等。園藝療法雖然有治療、職能教育、社會、休閒等多種目的，但是想要藉由園藝療法獲得最大效果，擬定一個規則性、效率性的計劃相當重要。因此，按照園藝療法的時間順序，可具體分成診斷與準備階段（Diagnosis and preparing phase）、計劃階段（Planning and preparing phase）、實行階段 （Implementation phase）、評價階段（Evaluation phase）等過程來實施（表5-1）。

(五) 室外植物：療癒花園的設計原則

人在活動時總是需要一個空間針對「園藝治療」，這種活動行為，漸漸地發展出「療癒花園（Healing Garden）」（例如台大醫院新蓋大樓的頂樓），在此空間之內，藉由植物各種色彩、觸覺、嗅覺等，帶來各式放鬆心情的模式。另外，在療癒花園之中，水是一個非常重要的元素，靜水能夠使心靈平靜，而動水的聲音及景緻則具有復癒的功效。在室內擺上幾株植物，不但是最佳的室內裝飾，更能紓解工作壓力，緩和緊張情緒，營造滿室的春天。茲說明室外植物，也就是療癒花園的設計原則，如下列所述：

表5-1　園藝療法的實施流程示意表

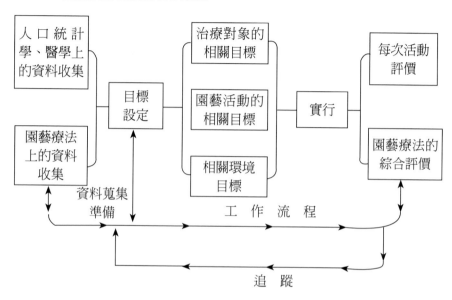

1. 人的感官是很敏感的，因此針對人的**五感**配置各式不同的植栽，提供給各種庭園的使用者較多的選擇，更可以**放鬆心情**。

2. 所配置的地點應具有教育性質、幽靜及熟悉感。

3. 選用一些當地大家熟悉的資材做設計。

4. 庭園上的配置必須讓使用者容易瞭解與便於使用。

5. 在花園中庭園的設計，應該**考慮周遭牆面**上的設計。

6. 花園中也可設置一個次空間。

7. 在花園中央可以有一個大家相聚的空間。

8. 安靜的空間，讓使用者能夠坐著沉思**默想**。

9. 可以在入口多增加些自然元素。

10. 可設置一些感官上的牆面具框景及穿透性。

11.室外的休憩處頂部也要有遮蔽物保護。

12.要考慮到輪椅使用者的視野及輪椅步道寬度。

13.花園的設計應考慮到室內外的植物種類，如盆景，後續以利置換為宜。

14.在室內與室外空間應考慮到室內外的風景。

15.栽植能吸引鳥類與蝶類等昆蟲前來的植物，增添生態與趣味。

第六章

生態環境對台灣災害防治之影響

第一節　前言

一、緒言

　　台灣位處「**環太平洋地震帶**」上（分布於日本北海道、本州、四國、九州、琉球，以及台灣、菲律賓群島等地域），又台灣北部（蘇澳附近）受海洋板塊與歐亞大陸板塊之擠壓作用；台灣南部（杉原海水浴場附近、俗稱小野柳）又受菲律賓板塊與歐亞大陸板塊之撞擠作用，使台灣地勢每年約上升5~7CM、平移3~5CM；又造成地震頻繁如921集集大地震（M = 7.5）（圖6-1(a)）及2016年206台南大地震（M = 6.4）（圖6-1(b)）的災害。

圖6-1(a)　921地震災害台北市松山區東星大樓

圖6-1(b)　2016年206台南大地震災害維冠金龍大樓

　　另，台灣受海島季風氣候影響，雨量集中加上颱風（如納莉、桃芝、象神）肆虐（圖6-2），地勢陡峭、河川（溪）短急，造成房屋倒塌（圖6-4）。坡地滑落（圖6-4）、土砂流（圖6-5）等等的天然災害；另外，坡地超限使用、房屋建在行水區域（圖6-6）、河床興建遊憩設施、產業道路開闢、道路拓寬、地下室違規使用、土地不正當開墾使用（如栽種高冷蔬菜、水果、檳榔等），迫使生物賴以生存之表土層（0～50CM，係120萬種生物賴以生存之空間環境與環境汙染，如圖6-3、6-7所示）流失變為裸露坡地，在在成為人為災害。

圖6-2　象神風災汐止汐萬路斜交坡滑動

圖6-3　環境汙染（照片來源：朱錦忠）

圖6-4 九份地區邊坡崩塌

圖6-5 霍薩溪橋被土石流截斷（全景）

圖6-6　房屋建在行水區域上

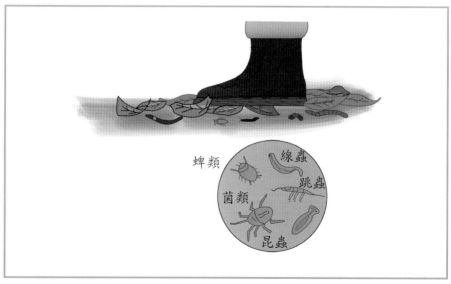

圖6-7　地表層下0～50CM處棲息著120萬種生物

台灣是個美麗的島嶼，東西向寬約144KM、南北長394KM，當中蘊育著高緯度動植物與豐富的36,000種原生物種，但是台灣由於道路開闢與河川海岸整治，導致台灣環境面臨多方面之破壞，如下列所示：

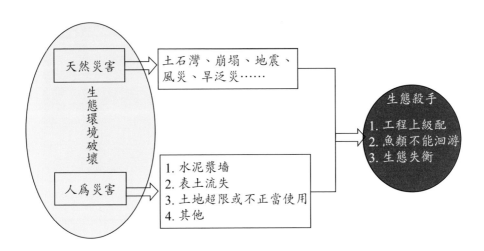

台灣由於道路不必要的開挖導致坡面不穩定；高山源頭至河口之河道兩邊及河床全部都是水泥漿牆；未能按實施工；高堤攔砂壩；皆是造成土砂流、崩塌的原因，以及影響河川砂石（級配骨材）補給與魚類洄游生態之生存，甚至影響景觀環境與野生動植物（含稀有、珍貴或保護野生動植物）之滅種（圖6-8）。

總而言之，台灣的各類型災害可分為(1)氣象災害〔水風災、水災（澇）災或汎災、旱災為主〕、(2)地震災害、(3)崩塌地災害（土砂流、坡地災害為主）、(4)地盤下陷、(5)火災、(6)營建施工災害、(7)心靈損傷、(8)工商業災害等類別。

礁石縫中的毛足陸方蟹

常在礁岩上覓食藻類的螃蟹，
步足細長，移動速度極快；長
趾方蟹較常出現於白天

恆春半島或東部地區的海岸林林相完整，因此所孕育
的螃蟹種類也相當多

潮溝裡流動的水流為蟹類提供最佳的掩護

圖6-8　礁岩潮間帶與林相亦為螃蟹棲息所在（照片來源：李榮祥）

　　至於防救災之方法，仍針對自然性的生態構造立點分為：(1)
區域性隔離法、(2)街道寬度：人行道與車道寬度比、協和比，樹
木種類、特性、配植與街道的協和比、維生系統、防震、災變救援
與運輸系統管制（含橋樑、路工、隧道等）、水土資源保育、地盤
下陷或上升之研究、以及對生態環境監測、保育之對策及影響。

二、內容

　　於1938年Seifert（德國）工程師提出河溪整治之生態工法；
1962年生態學家Odum（美國）發展作為系統生態分析；1989年
Mifsch與Jgensen共同編寫《生態工程》一書（含生態工程與生態
科技）；1991年Trsa在瑞典舉辦第一屆大型生態工法研討會；而台
灣直到2000年才正式將生態工程應用於九二一重建區之崩塌地整
治工程；工程會亦取階段性地將生態構法推動至各機關、學校、團
體暨國家型考試，以及防救災工作如土砂流、社區崩塌地災害等事
項。

(一) 生態構法的內容

　　生態構法的定義如上面第二節所述，不再累述。今日生態構法
之內容主要應用是如何減少或避免「災害」的產生與「救防」之工
作。換言之，既是如何減少或避免資源損失或消耗、再生再利用。
爰此，分成後列幾項敘述：

　　1. 交通工程：包括公（道）路、高速公路、鐵路（高鐵、捷
運）。在交通工程上主要生態構法係「逢山開洞（圖6-9），遇水
架橋」（圖6-10）、避免隔阻生態之通道，宜開築「生態廊道」之
路線、注意噪音擾亂生態棲息、廢氣及廢棄物汙染環境、油漬汙染

隧道

圖6-9　逢山開洞（許海龍教授攝）

橋
樑

圖6-10　遇水架橋（許海龍教授攝）

水質、且需加強路面、邊坡（植被或植柵穩定與保護）、排水溝、護欄與綠帶之設計。另，道（鐵）路至都會區或市鎮區域應宜地下化，且構築外環路線，特別是對生態之衝擊影響需爲減少或避免。

2. 河川或溪流工程：包括水庫、發電廠（含水力、火力、核能、風力等）、環保工程（含垃圾場、焚化爐、給水及汙水工程）、汙水處理廠。本項河溪工程主要工作係集水區經營管理（治山、治水、防洪、土石流及崩塌地處理）。另，天然資源回收與再生、雨水及滲透水之蓄存與利用、地下水補充、濕地（域）棲息地之保育及維護、崩塌地或坡地治理與植被及至穩定與保育；更重要的是社區**保全維護**、提升生活品質、綠建築、親水活動：提升國際競爭力、落實本土化、造就鄉村生態區域化、都市鄉村文化、校園創意、永續、舒適之空間環境。

(二) 生態構法的設計原則

1. 對當地生態特性行爲的調查與研究，供作規劃設計之準則、依據。

2. 依循「生態心理」之理念以及「整體性」系統工程設計的考量。

3. 從「禪學」到「美學」做**蜿蜒式**景觀設計。

4. 依前人的訓示：逢山開鑿（隧道）、遇水（或谷）架橋（或高架）如（圖6-9、圖6-10）所示，裨以減少或避免廢棄土方（即土方平衡之原則）或破壞景觀或造成土石流之現象。

5. 減少或避免營建工程對當地環境或生態之衝擊或減少。

6. 坡地應採用「階梯型」與「排水系統」措施工程並重原

則；減少或避免巨大開挖或大量回填工程。

　　7.因地制宜、就地取材。

　　8.多方採選柔性設計工法（Flexible Design Method）如加勁擋土牆、蛇籠（圖6-11）、「**乾砌**」配「**植被**」（框籠＋植被）等工法或搭配擋土牆（3~5M高度）為工程基礎安全。

　　9.擋土牆設計高應以3.0M~5.0M為宜。

　　10.利用植生穩定邊坡並提昇「**景觀環境**」。

　　11.選用「**潛壩**」（圖6-12）隔離流域或調節深淺水深培育魚類生態。

卵石蛇籠結構

圖6-11　蛇籠（林顯融攝）

丹頂鶴　　　　布穀鳥　　　　櫃鳥

倒下的樹幹當潛壩材料

（林顯榮攝）　　　　　　　（許海龍教授攝）

圖6-12　潛壩

12. 利用束縮河道寬度或流域中堆積石堆加速「流速」。

13. 河道流域中工程措施應設置「**魚梯**」（圖6-13）、（圖6-25、圖6-26），以利洄游生態之棲息或保育。

迴游

（林顯榮攝）

在河床興建攔砂壩時若能在河道一側設計魚梯，就可爲洄游
性生物保留一線生機（朱錦忠攝）

圖6-13　魚梯

14.廢棄物處理與再生再用。

15.河岸種植水生植物、濕地保護植物如紅樹林等（圖6-14）。

16.植被減少逕流量，選用透水鋪面材料以儲存降雨量。

17.開闢外環道路迅速通過；若入社區時束縮（腹）道路寬度以降低車速及保護行人之安全。

18.社區道路中T字路口或轉彎路口，多採用「**植被 + 植草磚**」（圖6-15），以減低車速或提供臨時停車及美化。

19.田野區段之中央分隔島或兩邊紐澤西護欄不宜過高，一般0.5M≦h≦1.0M，而0.6~0.8M為佳。且擇段分離隔空避免阻絕生態通道並種植灌木及行道樹木，綠化景觀與降低溫度或熱度。

圖6-14　水生植物——紅樹林（台南四草）

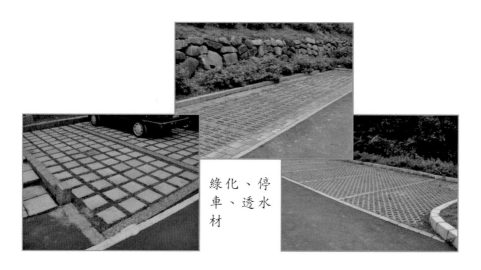

圖6-15　植被＋植草磚（林顯榮攝）

20.路寬50M~100M者可考量用臨時盆栽分隔為休閒區：如咖啡休憩區或徒步區。

21.構築或保育生物多樣化棲息地。

22.乾砌（大小粒徑卵礫石材）＋植被（或水生植物）以穩定邊坡或加強景觀之綠化作用。

23.珍惜地表土與原生植物（樹木），並做回填與回植。

24.道路拓闊注意名勝古蹟、廟宇、樹木之保存或迴避改道。

25.儘量採用穩定邊坡即V：H＝2：1或V：H＝1：1者（H：為水平坡長、V：為垂直坡長）；或階梯式邊坡（圖6-16(a)、圖6-16(b)）。一般坡度斜率表示法：$\sin\alpha = V/S$；但是，邊坡的斜率表示法：$\tan\alpha = V/H$。

圖6-16(a)　階梯式邊坡（林顯榮攝）

圖6-16(b)　階梯式邊坡（林顯榮攝）

　　26.汙水排放前，應先集中至少做一級處理後，再利用河流之
「自淨」作用（圖6-17），以確保生態之生存環境。

圖6-17　河川溪流中之自淨作用（錄自朱錦忠）

27.選用喬木與灌木互配原則，如堤坡或汙水處理廠或道路兩邊及海岸。

28.海岸地區減少環境或景觀破壞，盡量利用地形或地貌作為超高技術考量設計，配合國土規劃並重原則。

29.山區交通道路途經山谷或河川時盡量採用紅色為主之「**拱型橋樑設計**」為宜。

30.配合遊憩地除種植林木植被外，構物如觀亭（涼亭）、座椅、廁所等均應配合當地本色為宜。另，為利景觀可增築吊橋或纜車之建物以減少破壞生態環境。

31.人行步道以「隔離跳躍型」為主，避免阻絕生態通道。

32.田野區段或海岸之道路應經調查「**生態行為**」，分段構築「生態廊道」，以利生態下海釋放幼體或便利幼蟲之返回生存。

33.河床因地制宜：有深有淺以利魚類生存。

34.都市密集區依人口密度構築公園或遊憩地，設建「**親水公園**」（圖6-18、圖6-19），以調節氣溫及休閒。另，廣植林木或盆栽等，以減少或避免都會區之熱島效應（Heat Island Effect）。

35.利用自然資源 —— 太陽能量（如太陽能發電、太陽能汽車、光等自然資源）、空氣（植物之光合作用釋放氧氣、人類呼吸產生CO_2，可以互相補給使用）、水及當地材料資源（圖6-20）。

圖6-18　民丹島遊憩中心（Bintan Island in Westindonesia）

圖6-19　新加坡公園（Singapore Park）

(a)種植檳榔樹於高山坡
　地上易造成土石流

(b)高山坡地上種植茶樹容
　易造成邊坡不穩定

(c)高山坡地上的崩塌現象

圖6-20　高山坡地上環境生態之墾殖現象

36.採設「**綠建築**」、廣用「**太陽能**」、應用「**奈米**（**NANO**）**科技及材料**」減少或避免「**人為與天然之災害**」，達成技術心、人文情之創意、永續、自然生態與舒適之共存共榮環境（圖6-21、圖6-22）。

37.隧道出入口兩側務必栽植喬木樹種，以防止眼睛剎那間受亮光刺傷。

38.步道台階石塊（板）之最佳間距（space）為33CM～35CM且成兩行梅花形排列（圖6-23）。

鴨兒悠然嬉戲

葉海龍遊翔

欣樂如魚得水

茶海龍伴游

曙光

圖6-21　萬物聆享天倫之樂（許海龍攝）

圖6-22　青山綠水永續長流（許海龍攝）

圖6-23　步道台階最佳排列示意圖

圖6-24　平地溝渠之階梯式魚道

圖6-25　攔砂壩中央開缺口當魚道（如潛壩）

　　樹木根系盤根於土壤，能忍受風吹雨打而生長，看似很強壯，如果周遭環境發生變化，致樹根或樹幹受傷，成長會衰弱亦引起病蟲害，如圖6-26所示。

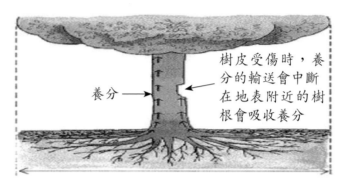

養分

樹皮受傷時，養分的輸送會中斷在地表附近的樹根會吸收養分

圖6-26　根系範圍大略與地上樹冠的寬度相等

第二節　生態環境對台灣災害防治的影響

一、緒言

　　國家位處地震帶的城市或島嶼者，除了可能遭遇地震與季節風（帶來豪雨）外，可能因地震衍生「**火山爆發**」之危機或災害，但亦有可能在**無預警**地震後，引發火山爆發，直接由山頭引爆或由地底下噴出炙熱的岩漿，且緊接著會發生火山爆發之現象（**Phenomenon**）。爰此，若在無預警之地震或火山爆發下，將會帶來一場

浩劫，使得人們無從**準備**也來不及應對（圖6-27），加上平時若沒有**逃生演練**，則將無法發揮**減災**之功能。

　　火山爲何會爆發？簡單來說，火山就像地球的溫度調節器，當地球中的岩漿熱力不斷增加，壓力也會因而增加，當地殼抵擋不住**壓力時，便會沿著地殼脆弱或有裂縫的地方噴洩出來**，將累積的壓力釋放出來，而一般會是在山頭頂端的位置爆發，熱能釋放出來的一瞬間，會造成地震，然後才噴發出高溫高熱的岩漿；而火山爆發所造成的傷害非常嚴重，千萬別輕忽了這看似不起眼的火山爆發現象，對於火山爆發所造成的傷害、人命與財產的損失，可以說是不計其數。火山爆發的歷程如表6-1。

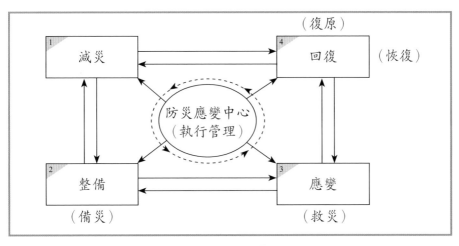

圖6-27　防救災的運作循環順序

表6-1　火山爆發的歷程示意圖

Expansion（膨脹）　　　　　　　　　　Happen（發生）
Energy（E）（熱能）$\longrightarrow$ Relese（釋放）$\longrightarrow$ Expatriate（爆發）$\longrightarrow$ ⋯⋯

⋯⋯$\longrightarrow$ Phenomenon（現象）$\longrightarrow$ Disaster（災害）。

二、內容

(一) 火山爆發

1. 火山爆發所產生的現象

(1) **火山熔岩流動**（圖6-28）：一大片岩漿流動，面積非常廣泛，所經之處全被燒毀殆盡，可別小看這些熔岩，這可是火山爆發所造成嚴重傷亡的原因之一。

(2) **火山碎屑飛散**（圖6-29）：火山爆發時所產生的氣體、岩石碎片和火山灰塵等火山碎屑物（Debris-Flow）在一瞬間崩潰而下，並以極快的速度沿著山坡往下流；火山碎屑是所有火山帶來的災害裡，最可怕的一項，因為它最高時速高達**200公里**，且內部溫度高達300至800℃，是個不折不扣的炙熱地獄；冰島火山爆發，影響範圍之廣大，致使歐洲各大機場停擺，多少旅客被迫受困在機場裡，多少航空公司損失重大，因此火山爆發絕對不只是一個國家的事情。

(3) **火山灰落**（**Debris-Flow Mitigation**）（圖6-30）：因為火山噴發而變成灼熱的岩石碎片，混合著炎熱的火山氣體，成一種**乳汁狀的物體**，向上猛烈的噴發，在空中形成一朵朵白白的雲，稱為**皮連雲**（**Lian Skin**），皮連雲中的物質非常不穩定，且黏性

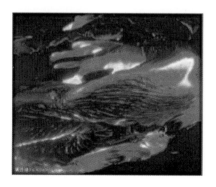

圖6-28　火山熔岩流動

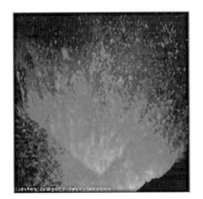

圖6-29　火山碎屑飛散

圖6-30　火山灰落

大，所以皮連雲會愈積愈厚，等到浮力無法繼續支撐它們在空中飄浮時，便藉著重力（**Gravity**）的作用下，以極大的速度墜落，產生火山灰或飛灰（Ash）的現象，因為**重力加速度**（**Gravitation acceration**）的原因，任何生物只要一觸碰就會受到重大的傷害甚至死亡。

(4) 火山氣體（圖6-31）：火山爆發時產生的氣體，裡面含有一堆有毒氣體，而且溫度極高，若是與大氣中的水蒸氣結合，更會讓腐蝕性比一般還強的酸雨產生，不只對人類會有重大的影響，對地球上的動植物更會產生莫大的傷害。

(5) 火山泥流（圖6-32）：是指火山爆發時夾帶著大量混合泥土、小石礫和火山碎屑的強勁泥流往下游傾洩的現象，它會以每小時十六公里的速度向前湧進，並將途中的所有東西連根拔起，甚至全部沖刷掉。

　　總而言之，火山爆發，噴出驚人的岩漿，可能吞食整個大城市；若又接連超強地震後（規模M≧6），如拉布瑞窪地噴出了岩漿，伴隨著火山灰飛落與火山砂礫噴出岩漿，以致岩漿所到之處皆毀，城市陷入一片火海（圖6-33），吞食整個城市。

2. 岩漿的輸導方法

　　在西元79年8月24日，義大利南部那不勒斯（Naples或Napoli）近郊的維蘇威火山爆發，把南邊的港口城市龐貝（**Pompeii**）城活埋，火山爆發的威力在一瞬間就把龐貝城（約兩萬多人口）完全的摧毀及掩埋，今日所見的遺址顯得相對完整，以及當年慘遭火山灰活埋的居民，多具遺骸外表幾乎完好無缺，又由於義大利學者提出一份新研究，龐貝古城的居民是被300～800℃的瞬間高溫燒死，並非因火山灰窒息致死，更讓人感到火山的威力是如此令人畏懼。

圖6-31　火山氣體

圖6-32　火山泥流

圖6-33　火山與火海

　　依經驗利用**籃球或圓球**來測試傾斜度的作法是可行的，此方法既可以得知火山熔岩的流向，也是極其關鍵的一步驟，其他**阻擋的作法是不可能的**，因為並不能完全的阻隔熔岩，若導流之路途中遇阻礙時，**炸毀大樓確實能奏效**，只是又是另一種損害，看到人性與

決策之間掙扎與難過，因此十分考驗當下決策者的智慧（參閱火山爆發的影片）。

　　由於火山爆發時常伴隨著地震，當板塊移動或板塊運動時，往往使地殼產生裂縫，令岩漿急速冒升，近期的火山爆發印象最深刻的是發生在**日本南方鹿兒島的新燃岳火山**（圖6-34），由於**311地震的板塊運動**，造成海平面下海底山溝破裂導致**海嘯（Thsunami）產生規模M=9.0大地震**，接著引發**福島核爆**，事後又連環造成其南部之「**新燃岳火山**」再度噴發，火山煙塵衝上四千公尺高空，展現爆發性強大的威力，壓力大到一定程度時就會像故障的鍋爐般引起大爆炸，蠢蠢欲動的火山連續噴發，岩漿也滾滾流出，緩緩推往地面，其畫面令人怵目驚心。目前並沒有準確的方法可以預測火山的噴發（爆發時可從動物之預兆預警），預測火山的噴發如同預測地震一樣可以拯救許多生命，在面對火山爆發的當下，唯一能夠降低火山所帶來的災害辦法就是**引導火山高熱的岩漿向下方入海中**，使高熱岩漿與海水（含鹽分）起化學作用向下加速地熄滅（圖6-36）；另外，要同時加強平時的預報、演練、模擬訓練，裨以減輕災害與損傷。

圖6-34　日本新燃岳火山爆發

(a)谷關阿邦溪崩塌地坡向分析圖

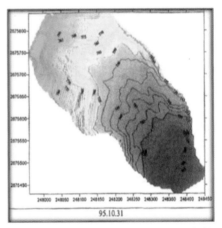

(b)谷關阿邦溪崩塌地1.0公尺等高線

圖6-35　坡地之坡向與等高線的測量

圖6-36　火山熔漿入海導向的研判

岩漿的輸導方法：

(1) 岩漿的流動猶如「水」往低處流竄，可應用**籃球在地表面上滾動**或**六分儀觀**等觀測方法瞭解**火山熔岩的可能流向**；最後將岩漿匯導入海中，因水能消滅火勢且**海水中鹽分**能分解中和岩漿，使岩漿冷卻後之沉澱物質匯入海水裡或沉入底層。

(2) 在緊張慌亂之中，**需要決策者**想出穩健與精幹的意見，才能獲得最精準之決策，屏除私心、兒女之情，以大眾為主導、判斷的正確決策是很重要的，當然使用人工之消滅岩漿濃度如飛機布灑滅火劑（CO或CO_2化學藥劑）亦是可行方法，但仍為臨時性的解

決方式，熔漿係高溫（400～800℃）的液體狀態物質，因此仍需先以**向下流動之傾向**爲考慮，至於使用**阻擋**方法是無效的。

(3) **利用空載光達雷射掃描法（LIDAR+IMU儀）**由空中雷射掃描獲取現址的地形地貌，不但準確且立即可研判發生現址的等高線圖與坡向圖，即可得火山熔漿的流向（圖6-35）。爰此，採用空載雷射掃描方法仍是最有效、快捷又避免危險的最優異措施。然後，從地形地貌中正確獲取「岩漿的流向」以輸導流入①海洋爲先、②河溪其次、③就近的山谷或窪地。[1]

(二) 土石流（Debris Flow）

1. 緒言

台灣地區由於**地形特殊（板塊運動）**及**地質破碎**等不利因素，每逢地震或颱風豪雨季節山坡地經常發生土砂災害，尤其1999年921地震造成中部山區土石鬆動，再加上近期象神、桃芝、納莉、敏督利等颱風的侵襲，使得台灣地區坡地土砂流災害非常頻繁，根據行政院農業委員會水土保持局的調查，全台灣地區崩塌地面積高達43,570公頃（2004年12月），土石流潛勢溪流則爲1420條，突顯出台灣土石流問題的嚴重性，則每談及土石流眞是聞聲色變、驚惶

1　(1)OEM：或iginal Equipment Manufacture：原有設備製造或市長辦公室。
　　(2)CSC：Crisis Center：危機處理中心。
　　(3)IPCC（Intergovernmental Panel on Climate Change）：政府間氣候變化專門委員會。
　　(4)L（或D）ME：（Law（或Day）of Mother Earth）：地球母親法或日，聯合國定訂**地球母親日每年4月22日**。
　　(5)G.W.（Global Warming）：全球暖化。

不已。然而在民國79年6月23日**歐菲莉颱風**以及民國85年7月31日**賀伯颱風**所形成之土石流，相繼在**花蓮銅門村**及**南投信義鄉**造成數百億財物及近百條無價生命的損失。這兩處僅是單純由大氣中的刮風、落雨浸潤到地表上的泥土、岩石等地質材料之後，在毫無預警狀態下，便造成了可怕的土石流災害。

2. 土石流發生之必要條件大體上包括了：

　　(1) 豐富的地質材料。

　　(2) 特殊的地貌特徵。

　　(3) 藉重力作用充足的雨量。

　　(4) 適當的溝谷坡度。

　　(5) 地質構造的變化。

　　(6) 良好的水文地質條件等幾項地質環境的因素（Van Dine, 1985）。

　　另由過去的研究資料顯示：

　　(1) 在「**V**」**字形或凹形的地形中容易集中土石材料及各方匯集之地表逕流，而產生土石流**（**Reneau and Dietrich, 1987**）。

　　(2) 有人認為降雨會增加土壤的含水量，高的降雨強度會容易產生**超額孔隙水壓**（**excess pore water pressure**），使得堆積於溝谷間的地質材料變得不穩定而形成位移、流動的現象以及產生土石流（Sidle and Swanston, 1982; Nielsenm 1984）。

　　(3) 在研究中曾指出，**堆積於溝谷**中突然增加之超額孔隙水壓是不能用雨水的滲透來解釋的，其孔隙水壓的增加可能是來自於溝谷底端破裂基岩內之地下水的上升所形成的Ala. S., and Mathew-

son, C.C., 1990）。如：基盤中的不連續面（discontinuity）相當發達，即地質環境中的地質構造具有特殊的變化（Chen, 1994）。因此，土石流（**debris flow**）與地質材料的組成水土及其本身流動性有關。

3. 土石流（Debris Flow），即「岩屑流」，定義如下。

(1) 狹義

①根據教育部在民國72年頒布的「**地質名詞**」中指出，**Debris flow**爲「**岩屑流**」。

②在民國78年由何春蓀先生撰著、國立編譯館出版的《普通地質學》大專教科書上，也將Debris flow譯爲「岩屑流」。該書內的說明指出：**岩屑流上游先發生的塊體運動，可能是由於山嶺因崩移作用先形成半月形的崩崖，在崩崖堆積的地質材料會沿著溝谷的傾斜度向下流動，而於地表外貌形成狹長的舌狀或匙狀。如果此流動體中地質材料之粒徑有一半以上超過2MM的大小，或含有較多量之粗礫（即岩石碎屑），此即爲岩屑流。**

③在**何氏編著的教科書**中所指出的「土石流」其英文譯名應寫爲Solifluction。該書內文中並指出，這種「土石流」一般多發生在高緯度、冬季寒冷的結冰地區，或是永遠結冰的永凍地區。在融冰時，溝谷內原本堆積之地質材料因浸水飽和的緣故，使溝谷內地質材料產生移動的現象，並沿著溝谷內的地形坡度慢慢的向下滑移及流動，又稱爲「土石流」。

④國內目前所使用之「土石流」一詞其實是源自於日本用語，在日本的字典中對於「土石流」的**解釋詞句**，便是以此漢文來書寫這個名詞。

⑤在中國大陸則以「**泥石流**」統稱之。

(2) 廣義

「土石流」廣義的定義是泛指土、石與水混合之後，進而產生集體運動的流動體。其中的「**土**」指的是泥、砂、**黏土等土壤**，「**石**」指的是岩石、**礫石等獨立岩塊**，「**水**」則是指雨水、**地表水、地下水等所有的水流**。若此動體中粒徑大於**2MM**的地質材料所占百分比**超過50%**時，則爲土石流之通稱；反之，則可稱爲「**泥流**」。因此，土石流的顆粒組成相當混雜，小至黏土，大至巨礫或岩塊粒徑大小不一者皆有之，也就是說，土石流的淘選度非常差。

綜合之，土石流（**Debris Flow**）係指土壤（含細類粒黏土、泥）、砂礫碎石、碎屑與卵石、巨石等物質，並與水之混合物，藉**坡度差與重力作用爲主動力**，水流作用爲輔，流動或滾動之混合體。

4. 土石流之溪流特性

(1) 土石流之溪流

依據土石流之形成，**運動**（平移、**旋轉**）及堆積等特性，土石流之溪流一般可分成爲發生段（源頭）、輸送段、淤積段及排導段等四個區段（圖6-37）。

另，因不同區段期該水源、土砂材料（土石量）**來源、流**

動、**匯流**、**輸送**及**勢能**等條件有所差異，則此工程治理措施必須按其屬性（**因地制宜**）作適當之規劃。爰此，土石流之溪流依此四大區段沿著其坡度和土砂量與該供給型態進行規劃、探求，並據以研探治理工程對策，且依土石流之溪流特性研選適當的工法。而土石流之災害整治工程之流程大致分為**調查**、**研判**、**規劃**、**分析**、**施工**與**維護**等階段，詳如圖6-38和表6-2所示。

(2) 利用土石流發生的特性，以擬定或判定土石流危險等級之方法，獲取危險等級之區分，而危險等級可分為**高度**、**中度**、及**低度**之三種危險，由此等級做為治理對象之順序，高度危險者列為優先、依次中度（次之）、低度者為後序；當然依分級成果以供相關有關單位之處理參考與經費申請之分配措施。再者，對於新增土石流或二次土石流的災害場地，**必須更加明確地掌控、治理、參考與評估。**

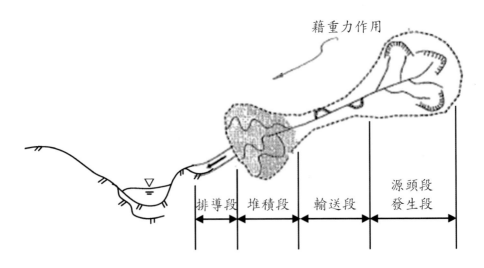

圖6-37　土石流之溪流特徵示意圖

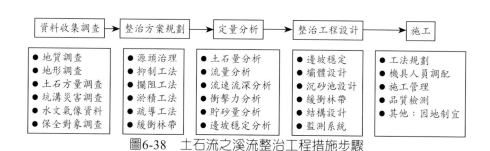

圖6-38　土石流之溪流整治工程措施步驟

表6-2　土石流溪流各區段地形特徵及其整治工程措施

區域	地形特徵	整治工程措施
發生段	溪流上游區段成漏斗狀 溪床坡度約在15度以上 岸坡陡峻、具V字型橫斷面、土石裸露、岩石破碎、崩塌、地滑發達	固定床面工程 護坡工程 導排水工程 蝕溝控制、打樁編柵
輸送段	溪流中上游多為峽谷地形 坡度約介於10～15度間 土層厚度可高達數十公尺 溪床土沙沖淤顯著 呈複式斷面，溪幅較大	各式壩工（透過性及非透過性壩） 護岸工程
淤積段	溪流下游段，多呈扇形 溪床坡度在10度以下 大小石塊堆積無明顯篩分 易漫流改道，流路不穩定	沉砂池、大型防砂壩 緩衝林帶 導流堤
排導段	淤積段下游常與主流連接 溪床坡度較淤積段為緩和	導流渠道 導流堤

　　(3) 土石流大多發生在山區野溪沿溪谷奔流而下，由於其有向下及向兩側的**強烈侵蝕作用**，再加上本身強大的衝擊力及破壞力，因此常造成下游及沿岸居民的重大災害，傳統上土石流防治工作主要是利用不同的工程構造物達到**抑制**、**攔阻**、**淤積**或**疏導**土石流之

目的，減少土石流可能產生的災害，然而受限於人力及經費，要在短時間內將全台有土石流災害之虞的地區全面整治，有實際上的困難，此外工程構造物費用昂貴，施作期程長，在保全對象較少的地區效益較低，因此近年來各級防災單位多以事前之土石流警戒作為土石流防治的先期措施，其中土石流發生降雨警戒基準值訂定、警戒發布及土石流觀測站建置為土石流警戒之重要工作目標。此外由於現場的土石流觀測資訊**對於防砂工程構造物的設計、土石流發生警戒基準值的訂定、減災及避災措施的研擬、土石流運動特性的探討及學術上的研究**等都扮演了非常重要的角色，因此水土保持局於2002年起陸續辦理土石流觀測站建置及相關科技研究計畫，目前全台灣已完成13座固定式及2組行動式土石流觀測站，用以量測並記錄土石流發生時各項參數，掌握其動態及發展過程。

(三) 堰塞湖及案例

1. 緒言

　　位置於河谷或河溪岸邊之地域，因豪雨、地震、地層改變、開挖或挖築工程（道路或排水系統等措施工程），**以致造成邊坡之應力不平衡**，尤其是**在順向坡**之應力平衡坡址處所被消除時，很容易造成崩山、土石流現象，導致邊坡上之土、石方沿邊坡滑動崩落，堆積於河谷或溪河之河床上形成**蓄水庫**或**攔沙堰**，日久淤積且堵塞河流之暢通。由於該土堤是**不紮實**的土堤堆積體，如遇上源處洩水或豪雨，很容易造成**潰堤**，使淤積之大量水量一洩千里，不僅造成下游氾沒，又沖刷岸邊或三角洲，**造成二次災害**，甚至改變河道流域之中床，損壞財物及人命（圖6-39）（台26線道路邊坡之災害，上游為奧萬大）。

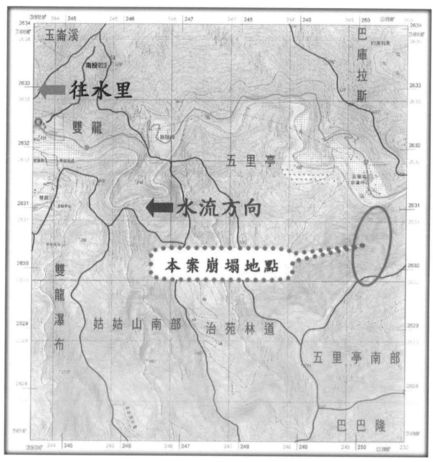

圖6-39　濁水溪合流坪崩塌處位置圖

2. 定義

　　由山崩（含走山）或土石流所挾帶之土壤、岩塊、樹木、樹皮及間雜之物質，該物體沿著邊坡沖刷而流至河岸及溪谷的河溪內或河床上，堆積而成**攔沙堰**或**蓄水庫**，稱為「**堰塞湖**」（Landslide Lake）（圖6-40、圖6-41）。

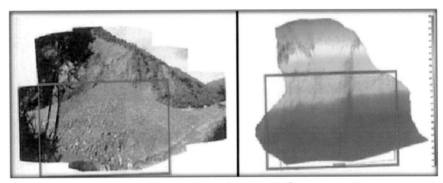

(a) 1st-DEM成果3D視景

(b) 2nd-DEM成果3D視景

(c) 3rd-DEM成果3D視景

圖6-40　堰塞湖之地面3D雷射掃描後DEM成果

(a) 濁水溪合流坪崩塌處現場相片

(b) 第一次雷射掃描測區現況圖

(c) 第一次雷射掃描點雲拼接全區圖

圖6-41　第一次掃描成果圖（97/07/09）

3. 量測

　　台灣本島屬於環太平洋地震帶的一部分，地震活動相當頻繁，在1999年921集集大地震後，部分地區的表土因地震搖晃而鬆弛，再加上颱風豪雨之頻襲；所以在地質不穩定區的順向坡地帶、表土鬆軟區域或裸露礫石岩層區域，易受其影響而產生崩塌；當有崩塌或土石流災害發生時，會改變區域性的地形地貌，而獲取此災後地形資料的方式，傳統是以實地測量或立體航照產生高程資訊，再比對災害前後的地形變化趨勢。但野外測量或取得完整航照資訊，往往需要花費較多的時間與人力物力，利用**地面三維雷射掃描系統ILRIS-3D（Intelligent Laser Ranging and Imaging System）**，除了可以在**短時間內，機動性地測取高密度點雲且高精度的數值地形資料外**；配合點雲資料模型化，則可形成三維向量圖形的空間資料；另外以GPS測量地面控制點，將測量區域轉換成爲絕對大地座標，如此可以依需求轉換成所需要的DEM網格，再疊合不同時期的掃描資料進行比對分析（圖6-40，圖6-41，圖6-42）。

　　南投林區管理處巒大事業區第180林班地於97年3月12日下午3時發生大規模崩塌，且崩塌土石阻塞濁水溪河道形成**堰塞湖**，爲建立該崩塌地立體模型，並據以瞭解相關基本資料，故計劃以3D雷射掃描儀進行該崩塌地掃描工作，除能建立基本數位模型外，並能藉以取得**崩塌地面積**（圖6-43）、土石方量（圖6-44、6-45，表6-3、6-4）**崩塌地等高線圖**（圖6-46）、**崩塌地坡度圖**（圖6-47）、**崩塌地坡向圖**（圖6-48）等相關基本資料。

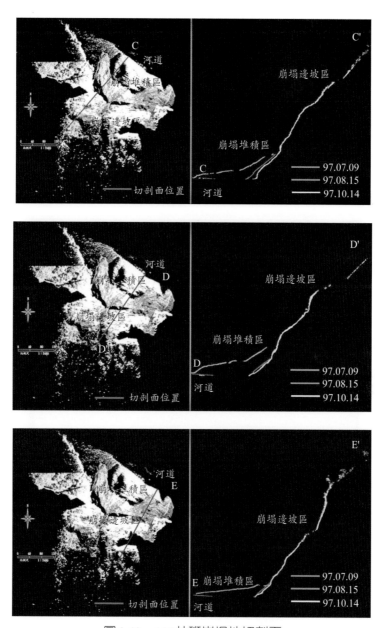

圖6-42　180林班崩塌地切剖面

圖6-43　林班崩塌地土方計算範圍圖

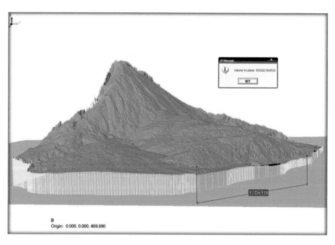

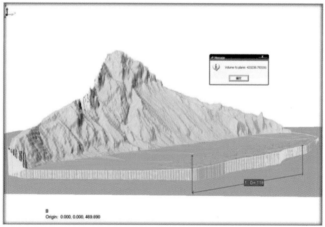

圖6-44　180林班崩塌地區域土方計算示意圖

表6-3　以不規則網格模型計算土石方量（單位：m³）

180林班 崩塌地	V_{1st}	V_{2nd}	土石方量 （DV）	面積 （m²）	基準面高程 （m）
933183	423238	509945	38210	469.89

$$DV = V_{survey} - V_{digger}$$

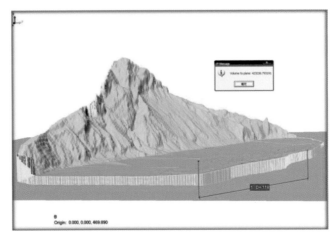

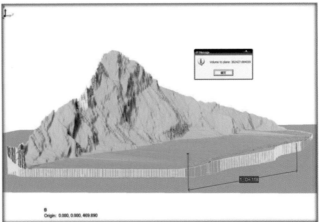

圖6-45　180林班崩塌地區域土方計算示意圖

表6-4　以不規則網格模型計算土石方量（單位：m³）

180林班崩塌地	V_{1st}	V_{2nd}	土石方量（DV）	面積（m²）	基準面高程（m）
	423238	362428	60810	38210	469.89

$$DV = V_{survey} - V_{digger}$$

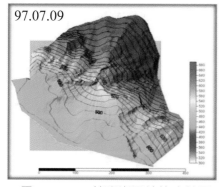

圖6-46　180林班崩塌地等高線圖

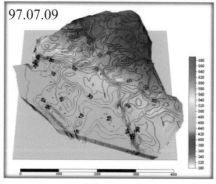

圖6-47　崩塌地坡度圖

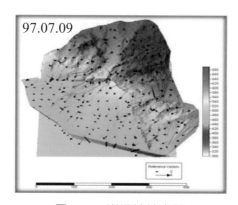

圖6-48　崩塌地坡向圖

　　災區為合流坪位處南投信義鄉地利村中央山脈峽谷，係濁水溪與萬大溪交會處、峽谷壯觀雄偉（圖6-49）。該地區於97年3月12日下午3時許，因土石崩落導致濁水溪河道阻塞。經實地勘查結果，崩落於河道之土石方長、寬各約100公尺、平均高度約30公尺，土石量約120萬立方公尺，另河道因受崩塌土石攔阻，已形成一長約2公里，平均寬約120公尺之**堰塞湖**，水深最深約11公尺，總

(a) 災害現況

(b)土石流阻塞河道而形成堰塞湖

圖6-49　濁水溪合流坪崩塌處現場相片圖

蓄水量概估約200萬立方公尺。當時**堰塞湖**水位已由較低處之缺口流出，水位並趨於穩定。鑑於目前合流坪崩塌處仍持續崩塌，為監控該地區持續崩塌現象，爰此藉由GPS衛星定位及使用地面3D雷射掃描測量方式，每隔一段時期對監測地點進行「**3D雷射掃描**」以獲取大量**點位資訊**，並利用所得**點位資訊**探討該崩塌地邊坡目前穩定性及變化趨勢，**供作工程措施與防救災之參考**。

4. 監測之項目與內容

　　(1) GPS監測控制點勘選與埋設RTK測量作業方法。

　　(2) 導線測量作業方法。

　　(3) 地面3D雷射掃描作業。

　　(4) 地面3D雷射掃描資料「模型化」建置。

　　(5) 雷射點雲資料濾除與DEM製作**沖淤變化**計算。

　　(6) 測量成果報告撰寫。

5. 作業流程

　　為有效執行本計畫案之作業，特訂定以下之作業流程，以達到計劃要求之精度與時效，茲分別敘述如下頁說明（圖6-50）：

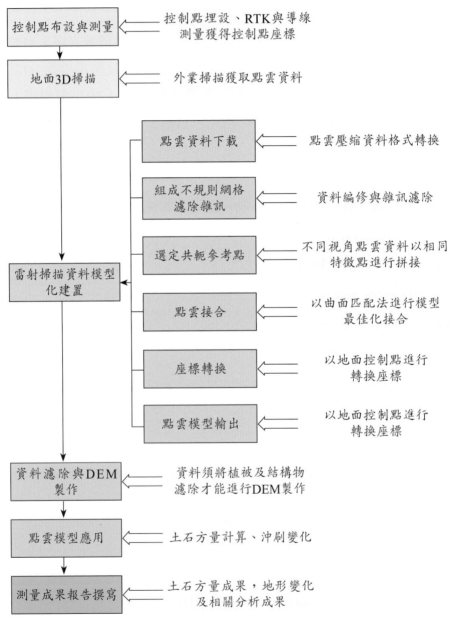

圖6-50　地面3D雷射掃描作業流程圖

6. 對於「堰塞湖」之防範措施

(1) 當**堰塞湖**形成後，應提高警覺「**疏流**」，使湖之上游積水疏通，由於堰塞湖係臨時堆積河堤，**未經壓實（Compaction）**的土層，在湖上游若有豪雨或緊臨支流，如萬大水庫放水或洩水，均易造成「**潰堤**」，使下游地區造成「**泛災**」，損害生命財產，不得不重視。

(2) 隨時留意**地震、颱風、豪雨**帶來河水暴漲，以致沖擊河岸之堆（崩）積層區，導致**崩堤**或**沖刷坡地邊坡**之穩定。

(3) 對於崩積區基趾區兩旁建議施作「**砌牆**」或「**擋土牆**」之措施，以期防止高水位時沖刷或崩塌河趾導致該地區之**邊坡穩定**。

(4) 一般而言崩塌區之崩滑會直到分水嶺線面；同時上游在離河岸 $\left[\left(\frac{1}{3} \sim \frac{1}{2}\right)200M\right]$ 處是否有形成凹凸不平地形，因為覆蓋土層將來沖擊後容易發生「**崩落現象**」。

(5) 在離崩塌區往前上游100公尺左右**嚴禁取土**，因洪水期時易掏空而崩滑。

(6) 堤坊河谷左右岸之寬度縮小、堆積層增高易影響到民房之安危。

(7) 注意**堰塞湖**上游放水時易致河水急漲，造成崩塌基地岸邊沖刷，導致**坡地邊坡滑動**發生。

(8) 崩塌區左右岸若為**凝聚岩層**（由板、頁、砂岩雜錯凝聚土層）而成，該節理又為**逆向坡**，以致沖擊坡趾（基）時易造成沖刷作用，使覆蓋層鬆動發生崩塌或崩滑之現象，應做適當之**拋石**或丁字壩，以保護或防範措施工程。

(9) 因濁水溪的溪流軸心已逐漸改變，崩塌區下端流域宜開曠不被山丘所阻擋；而軸心之易變且轉變後會造成沖刷，應監測預兆是否會再度發生。

(10) 建議倘若人工可能到達時，期能對**崩塌坡地張舖鉛網**（加釘鋼栓固定），再**植柵**，或疏通環繞沿著崩塌地區邊緣之排水系統措施工作。

(11) 監測崩塌地區，以掌控後繼之資料。

(四) 環境影響評估：民眾參與、政策與實質意涵

國際間對於環境影響評估的層級區隔已漸形成共識，概分為「**政策**」（Policy）、「**計畫**」（Plan）、「**方案**」（Program）及「**個案**」（Project）等四個層級，簡稱**PPP&P**，前面的PPP是策略性環境評估（SEA）的範疇。如果依循規劃及決策的學理，各國的定義應趨一致，但是事實上由於各國的政策、法規、政府行政體制及國情差異甚大，涵義不一，我國也不例外。理論上，四個層級的環境影響評估作業系統，與政策或開發行為的規劃作業系統，兩系統間應併行不悖，但是由於兩個系統的理論之間形成所謂「**有限地且分散地交集**」，使得現階段環境影響評估作業仍然無法由規劃理論中獲得較多的好處，甚至可說兩者之間都存在著發展過程中尚難克服的障礙與困境。

本節旨在嘗試藉由明確定義適合國內的環境影響評估層級區隔，並分析實施環境影響評估制度層級，上溯至政府部門制訂政策及計畫時，可能遭遇的障礙與困境，在建言發展更完備制度之際，同時謀求可塑造環境與規劃兩個作業系統間，可以達到「無限且緊

密的交集」較佳境界的途徑。

1. 政策與環境影響評估

　　關於「政策」的定義，中華書局出版的辭海（1981）記載：「國家或政黨謀實現政治上之目的而採之具體方策。可分兩種：(1)對外政策，即外交政策；(2)對內政策，即內治政策，依其對象更可分爲經濟政策、文化政策、社會政策各種。」

　　我國已經在1994年12月30日頒布實施環境影響評估法，係以規範「開發行爲」做事前評估、提出評估書接受審查、開發及營運追蹤監督管理等程序爲主軸的制度。然而該法在專用名詞定義時，即「開發行爲」上擴及「政府政策」（同法第四條），並於附則中規定：「有影響環境之虞之政府政策，其環境影響評估之有關作業，由中央主管機關另定之。」

　　（同法第二十六條）。雖然「政府政策環境影響評估作業辦法」已於1997年9月20日公布並於2000年12月20日修正公布實施，行政院環境保護署也於1998年頒訂「政府政策評估說明書作業規範」，如何進行已有規範可循；但是在「政府政策」的定義範疇及評估方法技術尚未成熟，國人也尚未對「開發行爲」的環境影響評估制度完全體認利弊達成共識的現今時點，能否直接反映國際通稱的「策略」涵義，對應我國現行只限於政府政策的狹義範疇，是否能延伸「個案環境影響評估」，或另行擴展爲有別於「個案環境影響評估」自我體制，除預留研議的空間之外，也形成了未來我國在策略性環境評估法制修訂上的一大挑戰。

　　依「政府政策環境影響評估作業辦法」，行政院環境保護署已經於1998年8月3日發布，並於2001年6月7日修正發布九條十一項

應實施環境影響評估的「政策」細項。這些細項歸屬各部會實施政策的下位「計畫或方案」類型似更洽當。截至2003年，行政院環保署已審議完成「工業區設置」、「水資源開發」、「高爾夫球場設置」等三項部會報行政院後交議的政策。

總括來說，上述所列舉的最上位施政政策與政策間均存在著某些直接或間接的關係。在相關法規未規定應進行環境影響評估作業前，居於我國憲法增修條文第10條第2項規定：「經濟及科學技術發展，應與環境及生態保護兼籌並顧」，而且我國也已制定「二十一世紀議程——中華民國永續發展策略綱領」，以呼應二十一世紀全球各國應共同**減低環境破壞、保障環境權**的責任。筆者建議在制修訂或推動上述政策過程中，有必要檢視政策中，對內外政策之策劃的施政目標、發展策略或施政方針，是否包含或已充分考察下列事項：

(1) 是否在相關法規中有涉及自然、社會環境因子？如有，是否**已明文規定保護及管理措施**？

(2) 是否在政治上即大眾的認知上涉及重要的環境保護議題？

(3) 在評估過去、現在、未來政策走向及地方、區域、全國發展裝況時，是否面臨環境資訊不足、環境價值難以量化問題？

(4) 策略上是否面臨計畫、方案或個案規劃空間場址時可能涉及環境及資源分配、生態保育、累積性及非直接性環境衝擊、環境成本效益等難加評定的問題？

(5) 有否在方案比較時考慮環境保護權重？

(6) 是否需環保人士或非政府組織參與研商？

(7) 是否已注意到有許多國際環保條約、宣言、慣例、開發制

度必須共同遵守？相應準備妥當了嗎？

假設上述的某些問題是存在的，表示政策規劃及實施時，將來有必要規範同時進行**策略性環境評估（SEA）**。研究調查結果顯示，愈來愈多已實施環境影響評估制度的國家，多已涵括「**策略性環境評估**」（**Strategic Environmental Assessment, SEA**）作為需進行評估作業的具體行為範疇，但其策略之內容迥異。我國在試行現行辦法某些時日之後，有必要再作範疇調整。

廣義的「計畫」及「方案」，應不限公私部門，宜由其產出此二名詞的規劃理論來理解。規劃（planning）的涵義原來便以行動為目的，對於可預見的將來提出構想，是組織體為達成計畫目標，從事資訊蒐集，並作成決定，形成管理目標及行動方案，是一系列活動、步驟或行為。「規劃」和「計劃」（動詞）的不同在於後者是一個團體為達到他們的共同目標，運用集體智慧所建立的決策思考程序與行動指導。而所謂「理論」（theory）如同一把傘，是由概念（concepts）、主題（themes）、架構（framework）所撐起。參考圖6-51、6-52、6-53，有五種主要的規劃理論，分別為：

　(1) 唯理主義（rationalism）。

　(2) 實用主義（pragmatism）。

　(3) 社會生態理想主義（S.E.I.）。（S.E.I.: socio-ecologial idealism）。

　(4) 政治經濟流通（P.E.M.）。（P.E.M.: political-economic mobilization）。

　(5) 溝通與合作（C.C.）。（C.C.: communication and collaboration）。

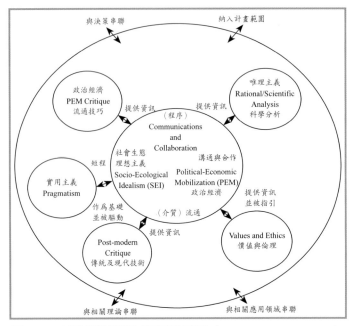

圖6-51　規劃理論間的關係架構圖（D.P.Lawrence, 2000）

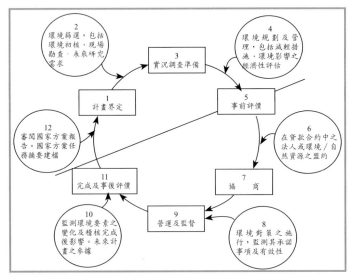

圖6-52　開發計畫之規劃及管理（Lohani, 1992）

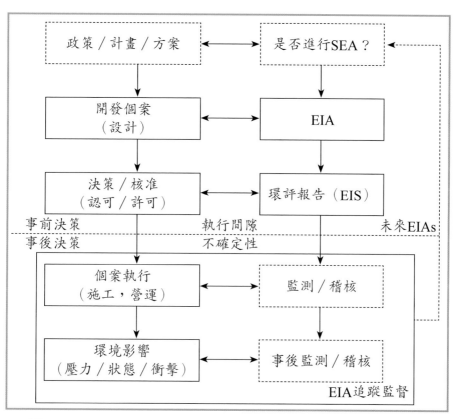

圖6-53　EIA監督追蹤與開發計畫進程關連圖（Jos Arts等人，2001）

　　事實上「計畫上有計畫」，除了上述政府部門的計畫多屬「中位階的計畫」以外，另外有一大類型的計畫是在國家總體發展策略建構下，形成所謂「上位計劃」，例如「國土綜合開發計畫」是中央政策性及功能性計畫，本階段期程至2011年。其下位的「縣市綜合發展計畫」是實施性計畫，在法律上依循「區域計畫法」及「都市計劃法」的體制，屬於「中位階的綜合計畫」但是在永續發展策略中提到的「立足草根，放眼天下」的立足點，即指這類計

畫，究竟應否納入需進行SEA的對象範疇？環保署曾於2001年10月18日召集學者研商，有人認為都市及區域性計畫的現行審議機制已有相當的環境考量，但是多位學者認為政策環評有不可替代的環境政策考量。至於是否納入地方自治事項，由於我國地方自治事項尚未落實，在政治現實環境中充滿了太多「搶短線」的搶錢計畫，如何導正將關係國家未來的發展。此類計畫包括「市鄉鎮建設發展計畫」由內政部依「縣市綜合發展計畫實施要點」指導各縣市編寫，內容包括總體發展計畫及部門計畫，由於許多實施方案及個案計畫組，似乎也應進行SEA。其他類型的計畫尚包含法律案、法規命令案，及通案性之行政規則案，例如保護區之劃定或解編作業步驟及方法，也應適當地規範進入SEA範疇。

1987年7月22日行政院環保署審查環境影響評估報告書通過的「台南縣七股區域綜合開發計畫」，以及1995年3月31日審查部分通過「淡海新市鎮開發計畫」，及1995年11月28日通過的「高雄新市鎮整體開發計畫」等三個實際案例，是上述究竟該不該進行SEA及如何進行的範例，筆者認為是我國最早的計畫型環境影響評估，或可認定為我國最早的SEA案例。最近政府即將展開的六年國建各項計畫及方案，是否納入考量策略性環評以避免破壞環境，將是目前亟需檢討的課題。

(五) 坡地開發與環境保育

1. 坡地開發原則與施工

(1) 原則

①既為坡地應依地形地貌沿坡度開發，避免大開挖大回填。

②儘量順延依著山谷溪流架橋或吊橋（cable）。

③若逢河溪臨伴坡地，可築丁字壩、河中間需建築潛壩攔蓄水池，培植吸引鳥類與蝶類等昆蟲前來，增添生態感與趣味，擴展視覺與景觀。

④依循階梯式或階段式之開挖（圖6-54），且構築縱橫向排水系統之結構物，如截水溝或洩水槽、跌水井等排水措施工程構物。

⑤最忌順向坡之開挖，以免發生滑動或崩塌現象。

⑥坡地開發主要是排水系統措施工程，務必確實掌控執行。

⑦基地內之排水系統應銜接下游之排水系統如大排水溝、區域主排水幹線等，再洩接至海口或河溪三角洲出口。

⑧坡地開發必要設置上下或左右兩條或兩條以上之主幹道，以利交通與防救災之通路。

(a) 草被與縱橫向排水溝　　(b) 乾砌卵礫石保護生態邊坡

圖6-54　階梯式開發且構築縱橫向排水溝之工程

⑨坡地住宅最好以四樓為主；若需停車庫，則以靠坡背構築。

⑩坡地住宅之屋頂應距超高壓電線100公尺以上；最好沒有此超高電壓之電路通過為宜。

⑪坡地之邊界距地界或斷崖至少3公尺以上；並作適宜的生態擋土措施結構物。

⑫坡地邊坡之擋土措施結構物之高度（即垂直高度）每階段5公尺為一台階，階寬3公尺以上最佳，最高不超過7公尺為宜；但回填總高度以不超過15公尺為極限如圖6-55所示。

⑬務使基地內挖、填土方「保持平衡」，因若有廢棄土方時，需要申請「廢棄土場」之許可證，除必交費且增加運費；另，申請手續又添加麻煩或困擾。

⑭道路高程、超高、轉彎之設計應符合坡地開發之規定原則；並應順沿坡地高度或坡度傾斜角為設計原則，以利施工及防止災害發生。

⑮避免基地開天窗，即基地中間有某小面積之土地非開發者之所有，應盡量克服、購買、以地易地為宜。

⑯盡量避免斷層經過基地；若有應設計為綠地或公園或道路之公共設施用地。

⑰構造物基地基趾或基礎避免施築在填、挖土方的共有基地之處所上面，因易造成基礎不均下陷或破壞，以致危及生命財產之損傷。

⑱構造物之位置應在煤礦坑或隧道頂部至地面距離均在100

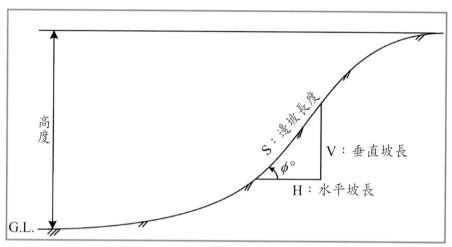

(a) 坡地邊坡之表示法

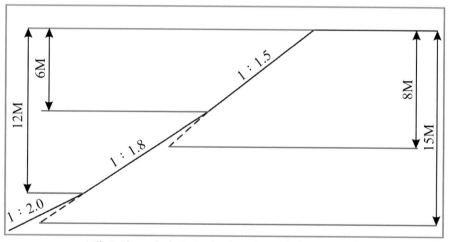

(b) 填土坡面坡度之規定（日本土構造物委員會）

圖6-55　填土坡度之極限高度

公尺以上。

⑲道路經過之林相應盡量維持原貌，不可破壞或減低至最少為原則。

⑳其他事項一切事應需依照**坡地建築規範設計、施工、營運**。

(2) 施工

工程順序所指的是：①初步勘查與規劃設計、②細部規劃設計、③基地施工、④營運管理、維護與保全系統等等的工程階段或時程表。爰此，對於上述之每一階段工程事宜都是工程進行中很重要之課題。但是，知易行難是前人所留下之銘語，也就是說「實踐或力行」才是具體之動作，才能有硬體之陳列表現；這種硬體可見之陳列表現仍是工程師作品所展現與驕傲的地方，亦將爲之留下微笑與功績。據此，坡地開發施工是「工程師」具體表現之一種，是有形的與最切題之發揮，必須使施工建造者按圖施工，取用確實**「素材或質料」**且很道地地配合而建構在此土地上，才能形成不朽優良的成品創作。

然而，坡地開發、施工，不論場地（具有坡度）、施工方法、機具運移或轉換、材料選用與材質（氣候轉冷等條件）、施工方法等等**邊界條件**（Boundary Conditions）在在與平地顯著有所不同或稍有差異。據此以及地形地貌之影響，仍是施工建造者（Constructor）務必留意審愼之所在。

坡地開發應在坡地之**傾斜角至少小於30°或等於30°**爲極限條件，但開挖時坡地上方應會有或多或少的被覆物——可能是有部分的植物（如藤、藻類、灌木、喬木以及草花）與動物（如昆蟲類、

鳥類與動物等）。爰此，最初開發時期，必會是先修築便道或主道路以利車輛及工作人員之交通或運行，則下列之施工圖仍是必備之條件：

①基地地形（如地貌、地上物等標示）測量圖。

②道路設計圖。

③土方（挖掘及回填）計算圖。

④地質鑽探報告書。

⑤建物配置圖。

⑥基地施工核准證件。

⑦消防路線分布圖。

⑧擋土措施構物圖。

⑨排水系統分布圖（含自來水、雨水與汙水）。

⑩排水溝渠分布與構造圖。

⑪水電設計圖（含臨時用水、電之來源）。

⑫其他施工需備文件或圖例。以上有關圖例均需依照規定標示「**比例尺及指北方向**」。

再者除以上所敘述之圖例外，尚需設置如後列：

⑬級配之來源。

⑭臨時工寮（含現地辦公室、醫療室及餐廳、廁所、垃圾用地等）。

⑮水、電來源（含飲用水及施工用水）。

⑯雜項。

綜合之，坡地開發施工已經不可能大開發回填下，除需注意**工地安全**外，每天的工作進度表（含晴雨天的氣候）紀錄，以及每

天工地車輛行進中（如土壤之開挖或運送以及工作人員的進出等）務需沖洗與清潔，特別應使工地不能**飛砂滿天飛揚**，保持**能見度**以利施工；一邊施工運行，同時作測量之掌控——地形地貌即高程之測量——作標示或指示桿；另外，在每天開工前之「有關人員之集合並作每天工程進度之檢討、說明以及翌日工作進度預報」，以便儀器準備與每日工作前之預習，**確保工程按進度進行或掌控，這是單位主管者主要工作之一**：尤其工程師也好、建造者也好，**能夠每日對施工進度、品質、人員之檢討，邊做邊修改是讓設計與施工兩者合一體的最佳上策**。如此，不僅平地建造亦然，坡地之開發更需100%之留神、提高警覺，由於坡地天候與地形地貌之變化常有瞬間異狀事情產生，**工程人員對此情況及應變機制應具有對坡地環境養成習慣性或心態**。

2. 坡地開發之環境保育

坡地開發不允許大開發或大回填土方在前幾章節業已詳細論述，尤其是今日工商業邁入「e-time」之科技時代，**環保意思與營運已在運作之中，特別講求填挖土方之平衡、空氣汙染源之取締、開發下游（或下方）住宅不可造成損壞、開發施工前於坡地開發許可證之申請時必先設置「沉砂池」之措施工程、不可造成下游河川之淤積或阻塞、施工範圍應用圍籬標示禁止通行或踐踏樹木花草、大棵樹木應該保存或移植、道路通行途徑遇古蹟應繞道而行、盡量減少破壞林相、保持生態棲息環境或環境變遷影響生態之平衡或滅種、禁止移入「新品種」，以免環境之感染生病蟲害**（如松木之線蟲、紅螞蟻等）、**減少或避免濕地（Wetland）之總面積改變、因**

道路開發或改變所剷除之草皮應予保留堆積，待新築道路完成再復原，凡事以上種種都是環境保育必須每日執行之工作業務。

今日環保不僅上述各項事宜之**景觀保護與視覺感觀**之工作責任，更重視下列環保之事項：

(1) 盡量保持原有地形地貌。

(2) 保護生態景觀或景觀生態。

(3) 重視水源保護及水源之流過路徑之暢通。

(4) 山谷或窪低地區之回填，應在施工前埋入蜂巢管等柔軟式**PVC**管線保持原有水路之流通，由於水流必是向下流之本能**趨勢**與沿原有路徑流向之特性，所以不可阻塞，否則應做繞道而放流通行。

筆者的感言

一、《生態環境與社區安全》之敘述係關於我們日常生活中點點滴滴的資訊與知識，與萬物共生共舞的調協與關係的顯露之分享，近年來台灣經歷餿水油、不合格之食品的侵襲，可謂一大震撼，衛福部國民健康署最新統計癌症人數及排名（表-1），台灣癌症時鐘加快，每5分26秒，即有一名國人罹癌；並由國健署統計：

1. 大腸癌人數續增，連七冠（增加6%）：係病患增加最多的癌症，主因是民眾警覺心增強，願接受大腸癌篩檢。

2. 甲狀腺癌與食道癌，增加10人：統計發現，女性罹患：男性者=3.3：1.0，且年輕女性居多。甲狀腺癌的主因與肥胖、接觸輻射物質有關。經研究分析發現，肥胖與賀爾蒙及腺體疾病有關。另外，甲狀腺癌的患者（首次進入十大癌症）：其BMI值（即身體質量指數）多比較高，胖的人似乎罹患的機會較高。

總而言之，近年台灣「食安」問題頻傳，筆者認為：

1. 食品問題是零容忍。

2. 食品安全更重要。

3. 即使完全乾淨的食品，吃多了一樣會對身體造成負擔。如長期吃太多乾淨的純豬油，一樣會造成心血管疾病，甚至大腸

癌等疾病也有發生機會，養成均衡與不偏食的飲食習慣最重
要，晚上十點過後不吃食物，改喝白開水。

表-1　2012年國人十大癌症發生人數排行

排名	癌症名	個案數	標準化發生率
1	大腸癌	14,965	45.1
2	肺癌（支氣管及氣管）	11.692	35.0
3	肝癌（肝內臟管）	11,422	35.0
4	乳癌（女性）	10,525	65.9
5	口腔癌（口咽及下咽）	7,047	22.3
6	攝護腺癌	4,735	29.7
7	胃癌	3,796	11.1
8	皮膚癌	3,274	9.7
9	甲狀腺癌	2,895	9.9
10	食道癌	2,372	7.3

備註：排名依據個案數多寡排序　標準化發生率：每10萬人口計算

表-2　2012年男性、女性癌症發生率排名

男性			女性	
排名	癌症名稱	標準化發生率	癌症名稱	標準化發生率
1	大腸癌	53.7	乳癌	65.9
2	肝癌	50.6	大腸癌	37.3
3	肺癌	44.0	肺癌	26.8
4	口腔癌	41.7	肝癌	20.3
5	攝護腺癌	29.7	甲狀腺癌	15.3

標準化發生率：每10萬人口計算

二、筆者為求簡易且易於明瞭為出發點，特以表格式列製如下：

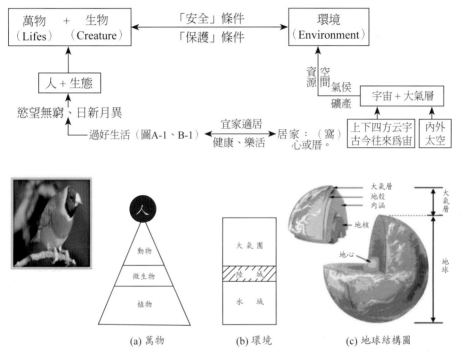

(a) 萬物   (b) 環境   (c) 地球結構圖

圖A-1　生態、人類、環境之間之關係示意圖

1. 原由：

　(1)定義：

　　　上下四方云「宇」，古今往來為「宙」，而環境既是宇宙；則環境包含地球加內外太空；生態為植物、微生物及動物（包括人）。至於「水生植物」又名「浮游植物」。關於整個「地球領域的分布」為：圖B-1(a)，但「人」需要的如圖B-1(b)。

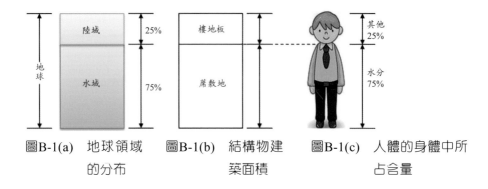

圖B-1(a)　地球領域　　圖B-1(b)　結構物建　　圖B-1(c)　人體的身體中所
　　　　　的分布　　　　　　　　築面積　　　　　　　　占含量

關於：① 地球領域的分布：水域：陸域＝3：1。

　　　② 結構物的建築面積為：蓆敷地：樓地板＝3：1或4：1。

　　　③ 人體中身體內：水分：其他部分＝3：1。

印尼峇里島海域

溪蟹

(2)

生態的萬物 ←─生存必須 空氣─→ 水 ＋ 土

利用 ↑ 互補的美
　　←─再生物＋聚降雨水＋汙水的沉澱、處理後等。
　　　　　　　　可行方法

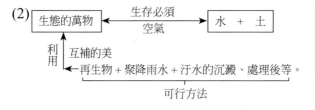

秋蝶

(3) 濕地

包括水池、湖泊、生態地、窪地、沼澤地、水庫、以及小型的泊、鹽、圳、池、水稻田、噴水池

$\xleftarrow{\text{互補的美}}\xrightarrow{}$ 植物、人類、環境。
減滅碳、美綠化環境

(4) 新水富教育的功效 $\xleftarrow{\text{歐洲的德、奧等和澳洲各國於}}$ 國小三年級開始親近大自然，如種樹

愛護、珍惜大自然的美 ───────→ $\xrightarrow{\text{樹編號}}$ 淨潔地
不可砍樹
球村。

和尚蟹

2. 效能：

(1) [室內植物] ←── ① 具調節室內環境、──S.B.S.和H.T.等功效、提供人類── →[人]
草藥與吸取植物之營養素（芬多精、香味、解毒等元素），
促進身、心、靈的健康生命力（圖C-1）。
② 引入「家或厝」、休閒場所、俱樂部、辦公大樓、
百貨公司等區域的綠色植物。
③ 不僅美觀和造景需求，還可調節室內濕度、溫度等
物理性環境，對我們的健康有著極大的好處。
④ 由科技或宗教角度來說，進化論或創造論以至「伊甸園」。

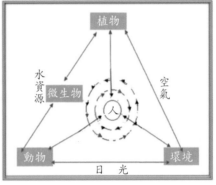

宜蘭五峰風景區　　圖C-1　植物、人類、環境之關係示意圖　　艷藍蝶

(2)植物、環境、人類之間互動互補，簡言之是彼此的「食物鏈」（Food-Chain）是不可分的植物的「基本生理狀況」的本性與特點：

① 植物 {

A. 本性（行使）：光合作用、呼吸作用、蒸散作用、輔導作用及二次代謝產物的功能。

B. 植物經由光合、呼吸、蒸散及輸導等作用以延續了自己生命；還為其他生命體，如昆蟲、鳥類及動物（含人）提供能量（Energy）和氧氣（O_2），且和周遭環境、微生物不斷交流與相互協助。

C. 我們愈瞭解植物的生理及生態環境，則愈能致力其功效的發揮有利於室內空氣的優雅品質的改善與提升，形成高口味的舒適、健康之環境。

} 人類

把「綠色植物」帶入「居家」、「厝」及「公共場所」

② 植物V.S.環境：

A. 台灣的地勢、地形與氣候：除了「仙人掌」等多肉植物外，大部分的「闊葉植物」生產於熱帶或亞熱帶，其特性如下。

闊葉植物 ◄──────────────► 台灣在「高山上的綠色精靈」、「台灣環境生態」

(A) 在高溫濕熱環境下生長旺盛。

(B) 耐陰性，略些微光線處即可生存。

(C) 具在高溫多雨環境下生存的特點。

B. 特效：

植物 ◄──────────────► 淨化屋內空氣

(A) 植物「需靠土壤」以根部從土壤中獲取「養分」。

(B) 植物與土壤中的微生物產生有機物化合物相互共生共存，且可以除去土壤中的環境汙染有害物質。

(C) 微生物分解室內空氣中有害物質進入土壤中供其養料，如此互補並達成屋內空氣的「淨化效果」。

3. 感言：

(1)「生物」、「人」：

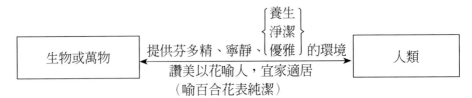

(2)植物、人、環境：

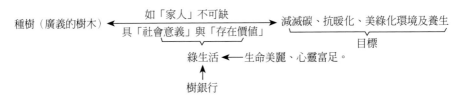

(3) 高級餐廳、遊憩場所、百貨公司、辦
公大樓、豪宅、中庭

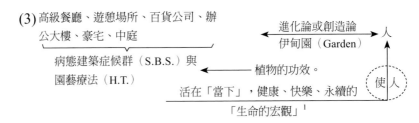

---

1 生命的宏觀：「人生的價值觀」（健康、樂活、永續的人生）暨「服務的
社會觀」。

誌　謝

　　本書之完成首先感謝林純美女士與戴文瑛醫師之協助、鼓勵，使我們能全力投入專心一致為寫作及共同對內容資料、圖表、文字等訊息之參查、研判。另，秘書王韻婷小姐之文字核對、編排、打字與整稿，才能順利完成，特此致上誌銘感謝。

參考文獻

中文

【1】中華水土保持學會（1996），「臺灣省林務局治山防洪工程資料分析與建置之研究（第一年）研究報告」，臺灣省林務局。

【2】林憲德（1999），「城鄉生態」，詹氏書局。

【3】許海龍，「邊坡開發施工之穩定度檢討」，台灣公路工程，第14卷，第十期，1～7頁，民國77年4月。

【4】林曜松（1986），「自然保育的理想與實踐」，《自然文化景觀保育論文集(三)—野生動物保育專輯》，台北，行政院農委會，P.1-6。

【5】林維堂、許家禎（2014），以化學發光免疫法檢驗梅毒抗體，臺灣醫檢會報，29卷3期，3-6。

【6】林維堂、許家禎（2013），安全針具應用於檢驗採血，臺灣醫檢會報，28卷3期，134-138。

【7】劉文治、許家禎、盧國城（2013），擬鈣劑在臨床腎臟病之運用，內科學誌，24卷1期，29-42。

英文 / 日文

【1】許海龍，「風化砂岩から成る斜面のすべり」，日本土木學會第38回年次學術講演會講讀概要集第3部，東京，民國72年9

月，291～292頁。

【2】金井格，「自然再生と人にやさしいエンヅニアリング」，技報堂出版。

【3】Farina, A. (1988), "Principles and Methods in Landscape Ecology", Chapman & Hall Press, London.

【4】H.L.HSU, "Considerations for Landslides in Natural Slopes Triggered by Earthquakes," Proceedings of Japan Society of Civil Engineering, NO.376 / Ⅲ-6, 1986-12, pp.1-16.

【5】Quarantelli, E.L. (1982), Sheltering and housing after major community disasters: Case studies and general conclusions, Columbus, OH: Disaster Research Center, Ohio State University.

【6】Alfaro, A.C. and R.C. Carpenter, (1999), "Physical and biological influencing zonation patterns of subtidal population of marine snail", Astraea (Lithopoma) undosa Wood 1828. Journal of Experimental Marine Biology and Ecology, Vol.240.P.259-283.

【7】Feng-Yu Chiang, I-Cheng Lu, Cheng-Jing Tsai, Pi-Jung Hsiao, Chia-Cjen Hsu, Che-Wei Wu (2011).Does extensive dissection of recurrent laryngeal nerve during thyroid operation increase the risk of nerve injury? Evidence from the application of intraoperative neuromonitoring. *American Journal of Otolaryngology, 32*(6), 499-503.

附　錄

附錄一、災害管理之組成表

災害管理之組成表

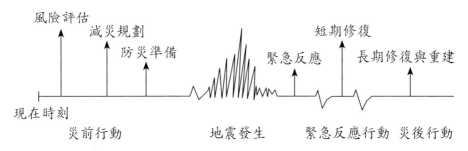

錄自陳建忠〈建築物震後勘災作業準則〉。

附錄二、社區安全及危險踏勘注意事項（國家災害防救科技中心提供）

一、在災害時較爲安全的場所：

1. 地勢較高（不易淹水）但不靠近陡坡坡角的地方。

2. 基地較爲開闊，不受周邊環境因素（如：陡坡、落石、暴漲溪水、土石流大樹等）影響的基地。

3. 地盤較穩固，不會滑動崩塌的基地。

4. 建築物較新且結構安全較高的建物。

5. 安全的道路或通路，不容易受山崩、地滑（包含突發之山洪、土石流）影響。

6. 其他。

二、有災害發生（特別土石流、山崩、淹水及崩塌）危險的場所：

1. 靠近斜坡順向坡之坡角與坡頂邊緣的地方。

2. 在山溪與山溝（含乾溪），尤其是上游存有大量土石之溪溝的溪口及溝口。

3. 在溪流及河川兩岸，爲溪水暴漲時可能淹沒的地區。

4. 地勢較低窪的區域。

5. 老舊之堤防或擋土牆（如較嚴重之龜裂及排水系統阻塞等）。

6. 老舊建物，尤其是磚造（含土塊）及竹造等建物。

7. 橋樑涵洞較小而有可能發生土石流及流木等阻塞及其周邊之地區。

8. 避難不易地點，如無尾巷或狹窄巷弄。

9. 其他。

三、過去曾經發生過災害之地點：

　　1. 土石流。

　　2. 山坡落石。

　　3. 淹水。

　　4. 建物倒塌。

　　5. 無法通行。

　　6. 其他。

附錄三、坡地災害常見發生位置、崩塌徵兆與防救、對策

一、坡地災害常見發生位置（摘自USGS）：

    1. 山凹處。

    2. 濕沼澤地。

    3. 道路上邊坡。

    4. 道路下邊坡水流匯流處。

二、台灣主要坡地災害為：

    1. 落石。

    2. 山崩或滑動。

    3. 土石流。

三、坡地崩塌徵兆（摘自華盛頓大學）：

    1. 邊坡上之樹木傾斜。

    2. 坡頂或坡面出現張裂縫。

    3. 坡面出現沖蝕孔或管湧。

    4. 擋土牆移位或開裂。

    5. 坡面或坡趾突出。

    6. 坡腳平地隆起。

    7. 經常出水之排水孔突然停止出水。

    8. 監測或預警系統顯示出加速之位移。

四、坡地災害防救與對策

　　1. 工程對策：指以工程手段促進邊坡之穩定或消滅不穩定之因素。

　　　　‧生態自然工法與永續發展：造林、綠化等。

　　　　‧防治工程：蛇籠工法配合植生等。

　　2. 非工程對策：指利用避開、管制、警示等管理手段，降低傷亡與損失。

　　　　‧災害潛勢與危險度分級。

　　　　‧潛勢區劃訂與管。

　　　　‧災害境況模擬。

　　　　‧監測、預警系統與制度。

　　　　‧坡地災害防救計畫編定。

　　3. 決策及資訊管理系統。

　　4. 教育與演練。

國家圖書館出版品預行編目資料

生態環境與社區安全／許海龍、許家禎
著. — 初版. — 臺北市：五南, 2016.10
　　面；　　公分.
ISBN 978-957-11-8812-6（平裝）

1.環境生態學 2.環境保護

367　　　　　　　　　　　105016095

5G35

生態環境與社區安全

作　　　者 — 許海龍（233.6）、許家禎

發 行 人 — 楊榮川

總 編 輯 — 王翠華

主　　　編 — 王正華

責任編輯 — 金明芬

封面設計 — 鄭瓊如

出 版 者 — 五南圖書出版股份有限公司

地　　　址：106台北市大安區和平東路二段339號4樓

電　　　話：(02)2705-5066　　傳　　　真：(02)2706-6100

網　　　址：http://www.wunan.com.tw

電子郵件：wunan@wunan.com.tw

劃撥帳號：01068953

戶　　　名：五南圖書出版股份有限公司

法律顧問　林勝安律師事務所　林勝安律師

出版日期　2016年10月初版一刷

定　　　價　新臺幣400元